工业机器人系列教材

工业机器人技术基础

主　编　李福武　卢运娇　李晓峰
副主编　郭英轩　孟广斐　梁兴建
参　编　陈铭钊　王厚英　刘振权　周大伟
　　　　周　敏　张清辰　刘天旺　柴芳政

哈尔滨工程大学出版社
Harbin Engineering University Press

内容简介

本书围绕工业机器人的相关基础理论及基本应用知识等内容进行了详细的讲解。全书分为8章，内容包括：走进工业机器人技术、工业机器人本体结构、运动学与动力学、轨迹规划、控制系统、语言与编程、末端执行器以及工业机器人的集成应用。本书立足于现在已有的技术基础，并纳入新型的使用方式和场景，为读者学习提供广阔的视野。

本书既适合作为中等和高等职业院校工业机器人技术、电气自动化技术等相关专业的理论教学入门教材，也可作为高等职业院校机电及相关专业学生的理论选修教材，还可供工程技术人员参考。

图书在版编目（CIP）数据

工业机器人技术基础 / 李福武，卢运娇，李晓峰主编 .—哈尔滨：哈尔滨工程大学出版社，2021.7
ISBN 978-7-5661-3101-0

Ⅰ.①工… Ⅱ.①李…②卢…③李… Ⅲ.①工业机器人-教材 Ⅳ.① TP242.2

中国版本图书馆 CIP 数据核字 (2021) 第 112928 号

工业机器人技术基础
GONGYE JIQIREN JISHU JICHU

选题策划	雷　霞
责任编辑	唐欢欢
封面设计	付　娜

出版发行	哈尔滨工程大学出版社
社　　址	哈尔滨市南岗区南通大街 145 号
邮政编码	150001
发行电话	0451-82519328
传　　真	0451-82519699
经　　销	新华书店
印　　刷	哈尔滨市石桥印务有限公司
开　　本	787 mm×1 092 mm　1/16
印　　张	12.5
字　　数	314 千字
版　　次	2021 年 7 月第 1 版
印　　次	2021 年 7 月第 1 次印刷
定　　价	42.00 元
http:	//www.hrbeupress.com
E-mail:	heupress@hrbeu.edu.cn

前　言

2015年5月19日，国务院正式印发《中国制造2025》，从国家战略层面描绘了建设制造强国的宏伟蓝图，确立了发展世界制造业强国的战略目标，提出了通过三步走实现制造强国的战略步骤，并明确了九项战略任务和十大重点领域。机器人方面，我国围绕汽车、机械、电子、危险品制造、国防军工、化工、轻工等工业机器人、特种机器人，以及医疗健康、家庭服务、教育娱乐等服务机器人应用需求，积极研发新产品，促进机器人标准化、模块化发展，扩大市场应用；突破机器人本体、减速器、伺服电机、控制器、传感器与驱动器等关键零部件及系统集成设计制造等技术瓶颈。

2017年以来，我国工业机器人销量继续保持快速增长，我国已经连续四年成为全球第一大工业机器人市场。仅在2020年上半年，我国工业机器人产品就已经达到9.4万台。同时，国内的人力成本逐年上升也使得制造业特别是劳动密集型企业有动力进行智能化改造。随着国家政策的推动、企业"机器换人"及智慧工厂建设的不断加快，在未来几年，我国工业机器人市场需求潜力将充分释放。

截止到2020年，我国工业机器人装机量已经达到150万台左右，而机器人应用人才缺口却有30万人左右，且每年仍以20%至30%的速度增长；同时，我国制造业规模以上企业专业技术人员不到人力资源总数的10%，与巨大的市场需求严重不协调。由此可见，现阶段我国机器人行业的技术人才严重匮乏。在行业趋势、产业推动的大背景下，中、高职院校开展工业机器人专业教育培训有了巨大的意义，能够切实地解决工业领域的技术人才问题。

工业机器人作为一种高新科技的集成装备，对专业人才有着多层次的需求，研发人才、项目实施人才及调试维护人才是我国工业机器人领域最缺乏的三类人才，企业急需此类人才推动"机器换人"。在工业机器人行业的各个岗位中，工业机器人系统集成工程师是一个技能掌握程度高、技术能力强的岗位，他们能够深刻理解工业生产流程及产品制造工艺，能够完成机器人自动化生产线的设计、升级和改造工作，是相关企业亟需的专业人才。

为了适应工业机器人行业的发展形势，满足学生及从业人员学习机器人技术相关知识的需求，我们组织业内专家编写了这本书。本书从认识工业机器人着手，分别从类别、本体结构、运动学与动力学、轨迹规划、控制方案、语言与编程、传感系统以及末端工具的使用等几个方面，全方位地阐释了工业机器人的设计及操控，以期为中、高职院校的师生及相关从业人员提供理论性指导与帮助。

全书共八个章节，由北海职业学院的李福武、卢运娇，重庆工商职业学院的李晓峰任主编；由北海职业学院的郭英轩，嘉兴技师学院的孟广斐，重庆渝北职教中心的梁兴建任副主编；北海职业学院的陈铭钊、王厚英、刘振权、周大伟、周敏、张清辰、刘天旺以及杭州中策职业学校的柴芳政参与编写。具体分工如下：主编李福武编写第一章、第二章、第六章的 6.1 至 6.3 节，卢运娇编写第三章的 3.1 至 3.3 节、第四章的 4.2 至 4.4 节，李晓峰编写第七章以及第八章的 8.1 节。副主编郭英轩编写第五章，孟广斐编写第三章的 3.4 节以及第四章的 4.1 节，梁兴建负责编写第六章的 6.4 至 6.5 节以及第八章的 8.2 节。全书由李福武负责统稿并审查。

北京华航唯实机器人科技股份有限公司庞浩等工程师为本书的编写提供了大量宝贵的资料，并给予了大力支持，在此深表谢意。

编　者

2021 年 3 月

目　　录

第1章　走进工业机器人技术 ... 001
1.1　工业机器人概述 ... 001
1.2　工业机器人的分类 ... 009
1.3　工业机器人系统认知 ... 014

第2章　工业机器人本体结构 ... 024
2.1　工业机器人本体中的机构 ... 024
2.2　工业机器人的传动机构 ... 034
2.3　工业机器人的驱动方式 ... 042

第3章　工业机器人运动学与动力学 ... 047
3.1　工业机器人运动学基础 ... 047
3.2　工业机器人静力学和力雅可比矩阵 ... 062
3.3　工业机器人动力学分析 ... 069
3.4　工业机器人的动态特性 ... 074

第4章　工业机器人轨迹规划 ... 077
4.1　轨迹规划概述 ... 077
4.2　关节轨迹的插补与控制 ... 082
4.3　工业机器人轨迹插补计算 ... 083
4.4　轨迹的实时生成 ... 095

第5章　工业机器人控制系统 ... 097
5.1　工业机器人传感器技术 ... 097
5.2　工业机器人的控制技术 ... 111

第6章　工业机器人语言与编程 ... 137
6.1　编程语言类型 ... 137
6.2　编程语言系统 ... 139
6.3　典型工业机器人编程语言 ... 141
6.4　编程方式 ... 145
6.5　工业机器人离线编程技术 ... 154

第 7 章　工业机器人的末端执行器 ··160
7.1　末端执行器的分类 ··160
7.2　拾取工具 ··162
7.3　快换装置 ··165
7.4　专用工具应用实例 ··166

第 8 章　工业机器人的集成应用 ··171
8.1　工业机器人的典型工艺应用 ··171
8.2　工业机器人与智能制造 ··188

参考文献 ··193

第1章 走进工业机器人技术

随着科学技术的不断进步和发展,上至太空舱、宇宙飞船,下至微型机器人、深海探测器,机器人技术已经拓展应用于多个能影响全球经济发展的领域,成为高科技研究中极为重要的组成部分,是当今世界科学技术发展最活跃的领域之一。

根据应用环境,机器人可分为特种机器人和工业机器人两类。本章将以机器人技术为出发点,重点介绍工业机器人的定义、发展史、行业应用情况、分类以及系统结构和参数等,对工业机器人技术做简要讲解。

1.1 工业机器人概述

机器人的形象和名词最早出现在科幻电影等文学作品中,在科技界,科学家会给每一个科技术语明确的定义,而对于机器人的定义却极为模糊,也许正是由于这一点,才给了人们充分的想象和创造空间,推进了机器人技术的不断发展。简单地说,机器人是一个在三维空间中具有较多自由度,并能实现诸多拟人动作和功能的机器(图1-1)。

图1-1 大众眼中的机器人   工业机器人是什么

1.1.1 工业机器人的定义

各国相关组织曾对工业机器人进行了定义。美国机器人工业协会(U.S.RIA)提出的工业机器人定义为:"工业机器人是用来进行搬运材料、零件、工具等可再编程的多功能机械手,或通过不同程序的调用来完成各种工作任务的特种装置。"英国机器人协会也采用了类似的定义。ISO8373对工业机器人给出了更具体的解释:"机器人具备自动控制及可再编程、多用途功能,机器人操作机具有三个或三个以上的可编程轴,在工业自动化应用中,机器人的底座可固定也可移动。"

GB 11291.1—2011标准中对工业机器人(industrial robot)做了说明,即"某操作机是自动控制的、可重复编程、多用途,并可对三个和三个以上轴进行编程。它可以是固定式或移动式,在工业自动化中使用。"同时,该标准中将手动引导式机器人、移动式机器人的操作机和协作机器人都定义为工业机器人。

通常我们认为工业机器人是广泛用于工业领域的多关节机械手或多自由度的机器装置(图1-2),具有一定的自动性,可依靠自身的动力能源和控制能力实现各种工业加工制造功能,具有可编程、拟人化、通用性等特点。

图1-2 工业机器人

1.1.2 工业机器人发展简史

1920年,"机器人"(robot)一词第一次出现在了捷克斯洛伐克作家卡雷尔·查培克(Karel Capek)创作的《罗萨姆的万能机器人》(图1-3)剧本中,剧中叙述了一个叫罗萨姆的公司把机器人作为人类生产的工业品推向市场,让它充当劳动力代替人类劳动的故事,引发了世人的广泛关注。

图1-3 舞台剧《罗萨姆的万能机器人》

20世纪50年代末，工业机器人最早开始投入使用。约瑟夫·恩格尔贝格（Joseph F.Englberger）利用伺服系统的相关灵感，与乔治·德沃尔（George Devol）共同开发了一台工业机器人——"尤尼梅特"（Unimate）（图1-4），意思是"万能自动"，这台机器人率先于1961年在通用汽车的生产车间里开始使用。约瑟夫·英格伯格也因此被称为"机器人之父"。

尤尼梅特机器人构造相对比较简单，基座上有一个具有转动自由度的机械臂，机械臂末端连接一个可以伸缩和转动的小机械臂。尤尼梅特机器人具备捡拾零件并放置到传送带上的功能，但是对其他的作业环境并没有交互的能力。这台工业机器人虽然仅可以重复执行简单的操作，但却展现了由工业机器人来代替人类完成繁重、重复或者毫无意义的流程性作业的美好前景，就此为工业机器人的蓬勃发展拉开了序幕。

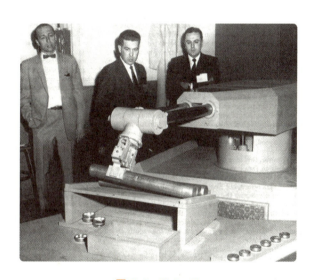

图1-4　Unimate

20世纪60年代，工业机器人发展迎来黎明期，机器人的简单功能得到了进一步的发展。机器人传感器的应用提高了机器人的可操作性，包括恩斯特采用的触觉传感器、托莫维奇和博尼在世界上最早的"灵巧手"上用到的压力传感器。麦卡锡对机器人进行了改进，加入视觉传感系统，并帮助麻省理工学院推出了世界上第一个带有视觉传感器并能识别和定位积木的机器人系统。此外，利用声呐系统、光电管等技术，工业机器人可以通过环境识别来校正自己的准确位置。

自20世纪60年代中期开始，美国麻省理工学院、斯坦福大学、英国爱丁堡大学等机构陆续成立了机器人实验室。美国兴起了研究带传感器的、"有感觉"的第二代机器人，并向人工智能进发。

20世纪70年代，随着计算机和人工智能技术的发展，机器人进入实用化时代。日立公司推出了具有触觉、压力传感器的七轴交流电动机驱动的机器人；美国Milacron公司推出了世界第一台小型计算机控制的机器人，该机器人由电液伺服驱动，可跟踪移动物体，用于装配和多功能作业；适用于装配作业的机器人还有如日本山梨大学发明的SCARA平面关节型机器人等。

1971年，日本机器人协会（Japanese Robot Association）成立。这是世界上第一个国家机器人协会。

1973年，第一台机电驱动的六轴机器人面世。德国库卡公司（KUKA）将其使用的 Unimate 机器人研发改造成第一台产业机器人，命名为 Famulus（图1-5），这是世界上第一台机电驱动的六轴机器人。

图1-5 Famulus

1974年，瑞典通用电机公司（ASEA，是ABB公司的前身）开发出了世界上第一台全电力驱动、由微处理器控制的工业机器人 IRB 6（图1-6）。IRB 6 主要应用于工件的取放和物料的搬运，首台 IRB 6 运行于瑞典南部的一家小型机械工程公司。IRB 6 采用仿人化设计，其手臂动作模仿人类，可载重 6 kg，5 轴。IRB 6 的 S1 控制器首次使用英特尔 8 位微处理器，内存容量为 16 kB，有 16 个数字 I/O 接口，通过 16 个按键编程，并具有四位数的发光二极管（LED）显示屏。

图1-6 IRB 6

20世纪70年代末,由美国Unimation公司推出的PUMA系列机器人为多关节、多中央处理器(CPU)二级计算机控制,全电动,有专用VAL语言和视觉、力觉传感器,这标志着工业机器人技术已经完全成熟。PUMA至今仍然工作在工厂第一线。

20世纪80年代,机器人进入了普及期,随着制造业的发展,工业机器人在发达国家走向普及,并向高速率、高精度、轻量化、成套系列化和智能化发展,以满足多品种、少批量的需求。

1984年,瑞典ABB公司生产出当时速度最快的装配机器人——IRB 1000(图1-7)。IRB 1000是一个配备了垂直手臂的钟摆式机器人,它在工作的时候,不需要来回移动底座就可以快速地穿越较大面积的工作区域。IRB 1000机器人的速度比传统的手臂机器人快50%以上。

到了20世纪90年代,随着计算机技术、智能技术的进步和发展,第二代具有一定感觉功能的机器人已经实用化并开始推广,具有视觉、触觉、高灵巧度手指、能行走的第三代智能机器人相继出现并开始走向应用。

图1-7　IRB 1000

1992年,瑞典ABB公司推出了一个开放式控制系统(S4)(图1-8)。S4控制器的设计,改善了人机界面并提升了机器人的技术性能。

2008年,日本发那科(FANUC)公司推出了一个新的重型机器人M-2000iA(图1-9),其有效载荷约达1 200 kg。M-2000iA系列是当时世界上规模最大、实力最强的六轴机器人,可搬运超重物体,它有两种型号,分别为一次可举起900 kg重物的M-2000iA/900L和一次可举起1 200 kg重物的M-2000iA/1200,它能够做到更快、更稳、更精确地移动大型部件。

图1-8　S4控制系统

2009年，瑞典ABB公司推出了世界上最小的多用途工业机器人IRB 120（图1-10）。IRB 120是ABB机器人制造部于2009年9月推出的最小且速度最快的六轴机器人，是由ABB（中国）机器人研发团队首次自主研发的一款新型机器人。IRB 120仅重25 kg，载荷为3 kg（垂直腕为4 kg），工作范围达580 mm。IRB 120的问世使ABB新型第四代机器人产品系列得到进一步延伸，其具有卓越的经济性与可靠性，且有低投资、高产出的优势。

图1-9　M-2000iA　　　　　　　　图1-10　IRB 120

工业机器人的出现将人类从繁重单一的劳动中解放出来，它能够从事一些不适合人类甚至超出人类能力范围的劳动，可实现生产的自动化，避免工伤事故且提高生产效率。

2016年，中国围绕实现制造强国的战略目标，提出了《中国制造2025》计划。工业机器人对于我国制造业提质增效、转型升级、推动产业结构迈向中高端具有重要作用。图1-11所示为工业机器人发展脉络。

图1-11　工业机器人发展脉络

1.1.3　工业机器人的应用现状

工业机器人当今广泛应用于汽车制造、电子电气、食品、建筑等行业，我们在焊接、装配、检测和切割等场景中经常能看到工业机器人的身影（图1-12）。

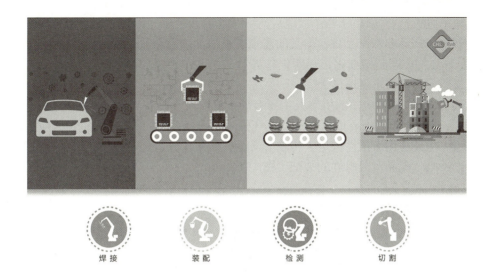

图 1-12 工业机器人的应用

1. 汽车制造业

在汽车车身生产中,有大量装配、焊接、搬运、包装、检测等工作,都可以由工业机器人参与完成。特别是在焊接生产线,汽车行业对焊接的精度要求非常高,人工焊接时,很容易就会出现焊接不一致的情况,但是焊接机器的使用就完全解决了这一问题(图1-13)。冲压线上,配料的搬运基本上都由机器人来完成(图1-14)。汽车车身的喷涂的工作量大、危险性强,通常都会采用工业机器人代替(图1-15),工业机器人已成为汽车生产中的关键制造设备。

图 1-13 工业机器人在汽车制造中的焊接应用

在中国,50%的工业机器人应用于汽车制造业,其中一半以上为焊接机器人;在发达国家,汽车工业机器人占机器人总保有量的53%以上。据统计,世界各大汽车制造厂,年产每万辆汽车所拥有的机器人数量为10台以上。

图 1-14 工业机器人在汽车制造中的搬运应用　　图 1-15 工业机器人在汽车制造中的喷涂应用

2. 电子电气行业

随着电子产品和新产品日益增长的需求，电池、芯片和显示器的自动化生产需求不断增加，同时 3C 产品精细化、轻薄化趋势对工艺设备的要求越来越高，电子电气领域对工业机器人应用需求逐渐增大。

目前，在 3C 领域应用的机器人主要有焊接机器人、移动机器人、装配机器人等。

其中，焊接机器人主要负责电子及电气机械的焊接工作，目前点焊机器人应用较多；移动机器人主要应用于柔性搬运、传输等方面；装配机器人因其精度高，柔顺性好，主要用于电子电气产品及其组件的装配（图 1-16）。

图 1-16　工业机器人在手机生产线上的应用

3. 食品行业

在食品行业中，工业机器人通常应用于装卸货物、食品切割、码垛、拆垛以及质量控制等，其不仅能够避免由接触导致的卫生问题，还可以很大程度地减轻人工负担，避免柔软易碎的食品在搬运过程中遭到人为损坏。

码垛指的是将形状基本一致的产品按一定要求堆叠起来，常见于生产线、仓库等场所。对于一些重型物品，用人力去做堆叠已经不合时宜，而机器人可以快速、高效地完成重型产品的堆叠，成为目前食品行业中最普遍的应用。图 1-17 所示为工业机器人在食品的搬运、包装及码垛中的应用。图 1-18 所示为工业机器人进行食品的加工——切割。

图 1-17　工业机器人在食品的搬运、包装及码垛中的应用

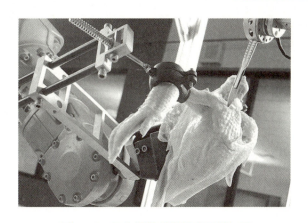

图 1-18 工业机器人进行食品的加工

4. 建筑行业

工业机器人在建筑行业里也有应用,如用于原材料的输送、加工及生产,如图 1-19 所示为利用机器人进行砌砖作业。砌砖机器人"山姆 100"由美国的建筑机器人公司研发,能在 1 h 内砌好 300~400 块砖,每天能砌 3 000 块砖,速度是普通砌砖工人的 5~6 倍。全自动砌砖机器人"Hadrian"由安达利亚工程师 Mark Pivac 研制,其可采用 CAD 技术计算房子的形状和结构,能够 3D 扫描环境数据并精确计算出每一块砖的位置数据,可以一天 24 h 不间断地工作,每小时砌砖 1 000 块,是建筑工人强大的竞争对手,工业机器人技术正在给建筑行业带来新变革。

(a) 砌砖机器人"山姆 100"　　　　(b) 全自动砌砖机器人"Hadrian"

图 1-19 工业机器人正在进行砌砖作业

1.2　工业机器人的分类

应用于不同行业技术领域的工业机器人可以按照不同的功能、用途、规模、结构、驱动方式、控制方式等进行分类,国际上并没有制定统一的分类标准。本节从典型结构、驱动方式和性能指标三个方向分别认识工业机器人。

1.2.1 按照典型结构分类

工业机器人按照结构特点可以分为直角坐标机器人、圆柱坐标机器人、关节机器人、并联机器人。如图 1-20 所示。

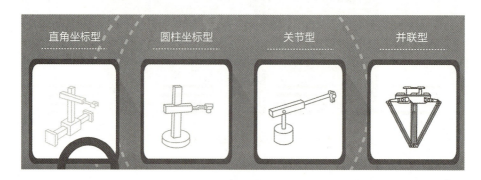

图 1-20 工业机器人按照结构分类

1. 直角坐标机器人

直角坐标机器人,也称为笛卡儿坐标机器人,最简单典型的笛卡儿坐标机器人的手臂具有三个移动关节,且轴线按直角坐标方向配置,其工作的行为方式主要是沿着 X、Y、Z 轴做线性运动。直角坐标机器人的驱动电机多为伺服电机或步进电机,传动机构多为滚珠丝杠、同步皮带、齿轮齿条等,其运动控制系统可以实现对自身的驱动及编程的控制。典型直角坐标机器人如图 1-21 所示,它具有位置精度高、控制无耦合、简单、避障性好等优势,同时也存在体积较庞大、动作范围小、灵活性差等问题。

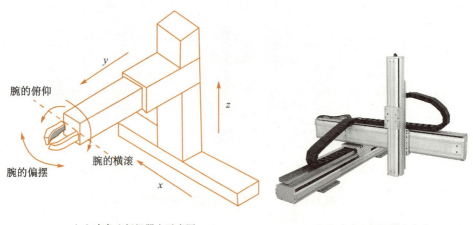

(a)直角坐标机器人示意图　　(b)直角坐标机器人实物

图 1-21 直角坐标机器人

大型的直角坐标机器人也称桁架机器人或龙门式机器人,其一般在需要精确移动以及负载较大的场合使用,如图 1-22 所示。

2. 圆柱坐标机器人

VERSATRAN 机器人(图 1-23)是圆柱坐标机器人的典型代表,其通过两个移动副和一个转动机构实现手部空间位置的改变。圆柱坐标型机器人具有控制简单、避障性好的特点，其位置精度仅次于直角坐标机器人，但结构较庞杂，难与其他机器人协调工作。

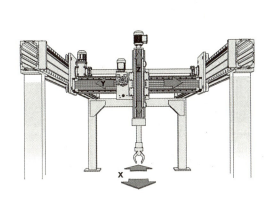

图 1-22　桁架机器人　　　　　　　图 1-23　VERSATRAN 机器人

选择顺应性装配机器手臂 SCARA（selective compliance assembly robot arm，）是一种特殊类型的圆柱坐标工业机器人，如图 1-24 所示，有时也将其归类至关节型机器人。SCARA 机器人具有 3 个旋转关节（J1、J2、J3），其轴线相互平行，在平面内进行定位和定向，还有 1 个移动关节（J4），用于完成末端件垂直于平面的运动。这类机器人的结构轻便、响应快，最适用于平面定位、垂直方向装配的作业。

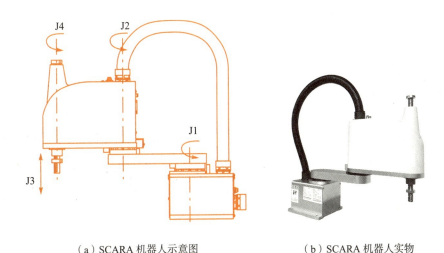

（a）SCARA 机器人示意图　　　　　（b）SCARA 机器人实物

图 1-24　SCARA 机器人

3. 关节机器人

关节机器人，也称关节手臂机器人或关节机械手臂，是当今工业领域中常见工业机器人的形态之一，适合用于诸多工业领域的机械自动化作业。

关节机器人主要由底座、大臂和小臂组成。大臂和小臂可在通过底座的垂直平面内运动，大臂和小臂间的关节称为肘关节，大臂和底座间的关节称为肩关节。关节坐标型机器人与人的手臂非常类似,称为关节式机器人。

六轴串联机器人是使用最多的关节机器人,如图1-25所示,其广泛应用于焊接、涂胶、装配、码垛等工作中。

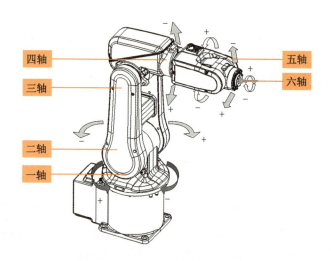

图1-25 六轴串联工业机器人

目前的关节机器人一般最多具有七个自由度。机器人在空间内完成操作任务时,最多只需要六个自由度,而过多的自由度就会产生冗余自由度,故七轴机器人又称七自由度冗余机器人。常见的七轴机器人如图1-26所示。

(a) kuka lbr iiwa　　　　(b) 安川莫托曼 VA 1400 Ⅱ　　　　(c) ABB YuMi 协作机器人

图1-26 常见的七轴机器人

4. 并联机器人

并联机器人,英文名为 parallel mechanism,简称PM,可以定义为动平台和定平台通过至少两个独立的运动链相连接,机构具有两个或两个以上自由度,且以并联方式驱动的一种闭环机构。

并联机器人的特点为无累积误差,精度较高;其驱动装置可置于定平台上或接近定平台的位置,这样运动部分质量小,速度高,动态响应好。

Delta 机器人具有典型的并联机器人结构，属于高速、轻载的并联机器人，它由三个并联的伺服轴确定末端工具的空间位置，以实现目标物体的运输、加工等操作。Delta 机器人由静平台、电机、旋转轴、主动臂、从动臂、动平台等组成，如图 1-27 所示。其中，没有旋转轴的 Delta 机器人为三自由度并联机构，有旋转轴的 Delta 机器人为四自由度并联机构。图 1-28 所示为广泛应用于各大分拣场景的 ABB-IRB 360 Flex Picker 并联机器人，也是四自由度并联机构。

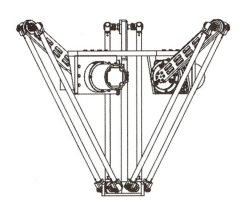

图 1-27　Delta 机器人　　　　图 1-28　ABB-IRB 360 FlexPicker 并联机器人

1.2.2　按照驱动方式分类

按照驱动方式划分，工业机器人又可以分为电动机驱动式、气压驱动式和液压驱动式（图 1-29）三种。

(a)电动机驱动式　　(b)液压驱动式　　(c)气压驱动式

图 1-29　按照驱动方式划分工业机器人

1. 电动机驱动式

目前，越来越多的机器人采用电动机驱动，这不仅是因为可供选择的电动机品种众多，更因为电动机驱动式机器人可以运用多种灵活的控制方法。

电动机驱动是利用各种电动机产生的力或力矩，直接或经过减速机构驱动机器人，以获得所需的位移、速度、加速度。电动机驱动具有无环境污染、易于控制、运动精度高、成本低、驱动效率高等优点，其应用最为广泛。

2. 气压驱动式

气压驱动式机器人以压缩空气来驱动执行机构。这种驱动方式的优点是空气来源方便、动作迅速、结构简单、造价低；缺点是空气具有可压缩性致使工作速度的稳定性较差，故此类机器人适宜抓举力要求较小的场合。

3. 液压驱动式

相对于气压驱动,液压驱动的机器人具有大得多的抓举能力。液压驱动式机器人结构紧凑、传动平稳且动作灵敏,但对密封和制造精度的要求较高,成本也较高,且不宜在高温或低温的场合工作。

1.2.3 按照性能指标分类

机器人按照负载能力和作业空间等性能指标可分为以下五种。

1. 超大型机器人

超大型机器人的负载能力为 10^7 N 以上。

2. 大型机器人

大型机器人的负载能力为 $10^6 \sim 10^7$ N,作业空间为 10 m² 以上。

3. 中型机器人

中型机器人的负载能力为 $10^5 \sim 10^6$ N,作业空间为 1~10 m²。

4. 小型机器人

小型机器人的负载能力为 $1 \sim 10^5$ N,作业空间为 0.1~1 m²。

5. 超小型机器人

超小型机器人的负载能力为 1 N 以下,作业空间为 0.1 m² 以下。

1.3 工业机器人系统认知

工业机器人系统实际上是一个典型的机电一体化系统,下面分别从系统组成、系统参数和外围设备几方面认识工业机器人系统。

1.3.1 工业机器人系统组成

工业机器人系统通常由工业机器人本体、工业机器人控制系统、手持式编辑器(又名示教器、示教盒)、连接线缆及软件和附件等组成,如图 1-30 所示。

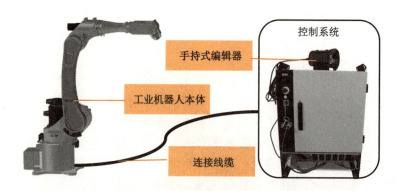

图 1-30 典型六轴串联工业机器人系统

按照功能划分,工业机器人系统包括机械系统、驱动系统、控制系统和感知系统四部分。

1. 机械系统

工业机器人的机械系统位于其本体处,具有若干自由度,从而构成一个多自由度的机械系统。此外,有的机器人还具备行走机构。若机器人具备行走机构,则构成行走机器人;若机器人不具备行走及腰转机构,则构成单机器人手臂。

工业机器人内部结构

应用最为广泛的六轴串联工业机器人(图1-31)通常由机座、腰部、臂部、腕部和末端操作器等组成,末端操作器是直接装在腕部的一个重要部件,可以是两手指或多手指的手爪,也可以是喷漆枪、焊枪等作业工具。工业机器人机械系统的作用相当于人体的骨髓、手、臂和腿等。

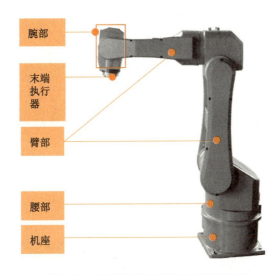

图1-31 六轴串联工业机器人机械系统

(1)腕部及末端执行器

末端执行器又称手部,是工业机器人直接进行工作的部分,安装不同的工具可完成不同的操作任务,比如抓取物料、焊接等。

腕部(图1-32)是连接末端执行器和臂部的部件,其作用是调整或改变工件的方位,因而它具有独立的自由度,以使机器人末端执行器适应复杂的动作要求,是操作机中结构最复杂的部分。

(2)臂部

臂部又称手臂,用以连接腰部和腕部,通常由两个臂杆(大臂和前臂)组成,来带动腕部运动。

(3)腰部

腰部又称立柱,是支撑手臂的机构,

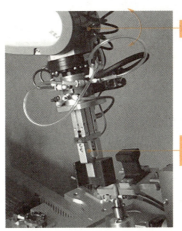

图1-32 腕部示意图

其作用是带动臂部运动,与臂部运动结合,把腕部递送到指定的工作位置。

(4)机座

机座(行走机构)(图1-33)是机器人的基础部分,起支撑作用,有固定式和移动式两种。该部件必须具有足够的刚度、强度和稳定性。

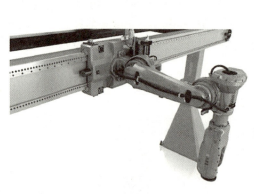

(a)移动式机座安装方式　　　　(b)固定式机座安装方式

图1-33　工业机器人的机座

2. 驱动系统

驱动系统主要是指驱动机械系统动作的驱动装置(图1-34),有时也将传动机构划分至驱动系统。根据驱动源的不同,驱动系统可分为电动机式、液压式和气压式三种,以及把它们结合起来应用的综合系统。驱动装置是驱使工业机器人机械机构系统运动的机构,按照控制系统发出的信号指令,借助动力元件使机器人产生动作,相当于人类的肌肉、筋络。

(a)电动机式　　　　(b)液压式　　　　(c)气压式

图1-34　驱动装置

传动机构能够带动机械机构产生运动,常用的传动机构有:RV减速机、谐波减速机、滚珠丝杆、链、带以及各种齿轮系。RV减速机主要用于承载较重的机器人关节,而谐波减速机则运用在承载较轻的机器人关节。

电动机驱动式工业机器人的驱动系统为电气驱动系统,其在工业机器人中应用得较普遍,可分为步进电动机、直流伺服电动机和交流伺服电动机三种驱动形式。早期多采用步进电动机驱动,后来发展了直流伺服电动机,交流伺服电动机驱动也逐渐得到应用。上述驱动形式有的用于直接驱动机构运动,有的通过RV减速机减速后驱动机构运动,有的通过谐波减速机减速后驱动机构运动。

液压驱动式工业机器人的驱动系统为液压驱动系统，运动平稳且负载能力大，对于重载搬运和零件加工的机器人采用液压驱动比较合理。但液压驱动存在管道复杂、清洁困难等缺点，因此限制了它在装配作业中的应用。

气压驱动的机器人结构简单、动作迅速、价格低廉，但由于空气具有可压缩性，其工作速度的稳定性较差。但是，空气的可压缩性可使手爪在抓取或卡紧物体时的顺应性提高，可防止受力过大而造成被抓物体或手爪本身的破坏。气压系统的压强一般为0.7 MPa，因而抓取力小，一般只有几十牛到几百牛。

3. 控制系统

控制系统的任务是根据机器人的作业指令程序及从传感器反馈回来的信号控制机器人的执行机构，使其完成规定的运动和功能。

如果机器人不具备信息反馈特征，则该控制系统称为开环控制系统；如果机器人具备信息反馈特征，则该控制系统称为闭环控制系统。控制系统主要由计算机硬件和控制软件组成。软件主要由人与机器人进行联系的人机交互系统和控制算法等组成。该部分相当于人的大脑。

4. 感知系统

感知系统由内部传感器和外部传感器组成，获取机器人内部和外部环境信息，并把这些信息反馈给控制系统。内部状态传感器用于检测各关节的位置、速度等变量，为闭环伺服控制系统提供反馈信息。外部状态传感器用于检测机器人与周围环境之间的一些状态变量，如距离、接近程度和接触情况等，用于引导机器人，便于其识别物体并做出相应处理。外部传感器可使机器人以灵活的方式对它所处的环境做出反应，赋予机器人一定的智能。该部分相当于人的五官。

1.3.2 工业机器人系统参数

进行工业机器人设备选型应用时须关注工业机器人系统的技术参数，其技术参数反映了机器人能够执行的工作、在特殊环境下具有的最高操作性能等。机器人的主要技术参数有自由度、分辨率、精度和重复定位精度、工作速度、工作载荷、工作空间、安装方式和防护等级等。

1. 自由度

自由度在多个领域都有其对应的定义，在机械系统中：根据机械原理，机构具有确定运动时所必须给定的独立运动参数的数目（亦即为了使机构的位置得以确定，必须给定的独立的广义坐标的数目），称为机构自由度（degree of freedom of mechanism），常以 F 表示。如果一个构件组合体的自由度 $F>0$，它就可以成为一个机构，即表明各构件间可有相对运动；如果 $F=0$，则它是一个结构（structure），即已退化为一个构件。机构自由度又包括平面机构自由度和空间机构自由度。

我们认为三维空间中物体的运动最多可以有 6 个自由度，即在笛卡儿坐标系中沿三个轴线方向的移动以及绕三个坐标轴的转动（图 1-35）。描述系统的坐标可以自由的选取，但独立坐标的个数总是一定的（即自由度是固定的）。

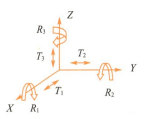

图 1-35 三维空间中的自由度示意

工业机器人的自由度（degree of freedom，DOF）是指机器人所具有的独立坐标轴运动的数目，不包括手爪（末端执行器）的开合自由度。工业机器人的自由度极大地影响其可动范围和可操作性等性能。

工业机器人的关节轴数量决定了机器人的自由度。如果只进行一些简单的应用，例如传送带与栈板上物料的搬运，那么四轴机器人就可以满足需求。如果需要机器人在狭小的空间内工作，且需要避开很多机器设备的干涉，须执行扭转和反转等动作，那么六轴或者七轴机器人就是比较好的选择。机器人关节轴数量的选择通常取决于机器人的具体应用。

从运动学的观点看，完成某一特定作业时，具有多余自由度的机器人称为冗余自由度机器人，亦称冗余度机器人。利用冗余的自由度可以增加机器人的灵活性，躲避障碍物和改善动力性能。人的手臂（大臂、小臂、腕部）共有7个自由度，所以工作起来很灵巧，可以躲避障碍物从不同方向到达同一个目的点。

2. 分辨率

分辨率是机器人运动时各关节能够实现的最小移动距离或最小转动角度，它有**控制分辨率**（control resolution）和**空间分辨率**（spatial resolution）之分。工业机器人的分辨率由系统设计检测参数决定，并受到位置反馈检测单元性能的影响。

控制分辨率是机器人控制器根据指令能控制的最小位移增量。空间分辨率是机器人末端执行器运动的最小增量。空间分辨率是一种包括控制分辨率、机械误差及计算机计算时的圆整、截尾、近似计算误差在内的**联合误差**。

3. 精度和重复定位精度

工业机器人的精度主要依存于机械误差、控制算法误差与分辨率系统误差。

重复定位精度是工业机器人最重要的性能指标之一，是关于精度的统计数据，在测试机器人的重复定位精度时，不同速度、不同方位下，反复试验的次数越多，重复定位精度的评价就越准确。

4. 工作速度

工业机器人各个关节的运动过程一般包括启动加速阶段、匀速运动阶段、减速制动阶段。为了缩短机器人运动周期，提高生产效率，就需要启动加速阶段和减速制动阶段的时间尽可能短，匀速运动速度尽可能高，因此加速阶段和减速阶段的加速度较大，将会产生较大惯性力，容易导致被抓物品松脱。由此可见，工业机器人负载能力与其速度有关。

工业机器人在保持运动平稳性和位置精度前提下所能达到的最大速度称为**额定速度**（rated velocity）。其某一关节运动的速度称为**单轴速度**，由各关节轴速度分量合成的速度称为**合成速度**。

不同厂家对**最大工作速度**规定的内容亦有不同，有的厂家定义为工业机器人主要自由度上最大的稳定速度，有的厂家定义为手臂末端最大的合成速度，这通常在技术参数中加以说明。

工作速度愈高，工作效率愈高。然而工作速度愈高就要花费更多的时间去升速或降速，或者对工业机器人最大加速度及最大减速度有较高的要求，如此又会大大增加关节的运动负载。

5. 工作载荷

机器人在额定速度和行程范围内，末端执行器所能承受负载的允许值称为额定负载（rated load）。

极限负载是在限制作业条件下，保证机械结构不损坏，末端执行器所能承受负载的最大值。

附加负载是机器人能携带的附加于额定负载上的负载，它并不作用于机器人末端法兰接口，而是作用在机器人臂部上，有时作用在关节结构上。

6. 工作空间

工业机器人的工作空间是指机器人的六轴法兰盘能够到达的空间位置。机器人工作空间的形状和大小是十分重要的，不同机器人的运动空间都不相同。机器人在执行某作业时可能会因为存在手部不能到达的作业盲区（dead zone）而不能完成任务，所以在选择机器人的型号时，应该注意其工作空间与周边设备是否匹配。ABB 120 工作范围图如图 1-36 所示。

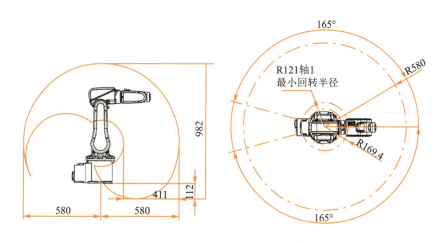

图 1-36　ABB 120 工作范围图[①]

7. 安装方式

产品说明书中会明确说明对应型号工业机器人支持的安装方式（图 1-37 为 ABB IRB 120 型工业机器人的安装方式示意图），而工业机器人的实际安装方式一般是根据厂商应用需求来选择。工业机器人常见的安装方式有落地式安装、壁挂式安装、悬挂式安装和倾斜式安装。

（1）落地式安装

落地式安装是工业机器人安装方式中应用最为广泛的一种。采用此种安装方式时，工业机器人机座贴紧地面或工作台，辅助机械设备布置在其周围，如图 1-38 所示。

---

① 本书图片涉及的长度单位均为 mm

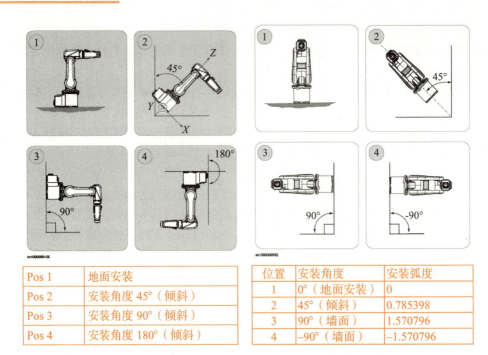

Pos 1	地面安装
Pos 2	安装角度 45°（倾斜）
Pos 3	安装角度 90°（倾斜）
Pos 4	安装角度 180°（倾斜）

位置	安装角度	安装弧度
1	0°（地面安装）	0
2	45°（倾斜）	0.785398
3	90°（墙面）	1.570796
4	–90°（墙面）	–1.570796

（a）绕 Y 轴倾斜安装　　　　　　　　　　（b）绕 X 轴倾斜安装

图 1-37　ABB IRB 120 型工业机器人的安装方式示意图

（2）壁挂式安装

壁挂式安装一般是指将工业机器人安装在墙壁上，从而节省地面空间。壁挂式安装多出现在汽车制造车间，多用于喷涂、装配等工艺，如图 1-39 所示。

图 1-38　工业机器人落地式安装

图 1-39　工业机器人喷涂应用（壁挂式安装）

（3）悬挂式安装

悬挂式安装拥有节约地面空间的优点，如图 1-40 所示。

（4）倾斜式安装

在现实生产中，工业现场环境比较复杂，有些情况下需要工业机器人采用倾斜（倾斜角>30°）式安装（图1-41）。需要注意的是，部分品牌的机器人倾斜安装后需要在其系统内进行参数调整，才可保证工业机器人在正常精度范围内作业。

图1-40　ABB工业机器人焊接应用（悬挂式安装）

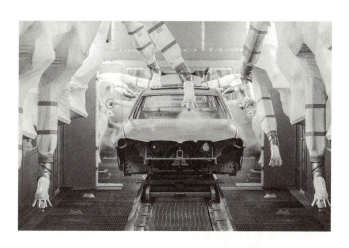

图1-41　工业机器人喷涂应用（倾斜式安装）

8. 防护等级

工业机器人在用于食品加工、制药、实验仪器和医疗仪器的生产等工作或处于易燃易爆环境时，需要的防护等级会有所不同，一般应按照应用的规范选择有相应防护等级的机器人。防护等级多以"IP××"来表述，"××"代表2位用来明确防护等级的数字。

1.3.3　工业机器人系统的外围设备

工业机器人仅是机器人自动化系统工作站中的设备之一，当其与其他外围设备集成并配合使用时，才能够应用于搬运码垛、分拣、焊接、打磨、上下料和喷涂等工业自动化生产中。

工业机器人外围设备是指可以附加到机器人系统中用来辅助或加强机器人功能的设备。这些设备是除了机器人本身的执行机构、控制器、作业对象和环境之外的其他设备或装置。末端执行器、变位机、外部轴、安全光栅和工装夹具等均是广泛应用的工业机器人系统外围设备。下面简单介绍一下三种常用的外围设备。

1. 末端执行器

工业机器人的末端通常提供了可供安装末端执行器的机械接口（图1-42为ABB IRB 120工业机器人法兰末端的机械接口），而机器人末端执行器是指任何一个安装在机器人手部末端关节上，且具有一定功能的工具。

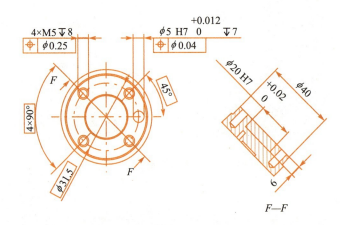

图1-42　ABB IRB 120工业机器人法兰末端的机械接口

工业机器人在工作中，通过腕部和手臂与末端执行器的协调完成作业任务。所以末端执行器的作业精度是工业机器人能否高效应用的关键之一。大多数末端执行器的结构和尺寸都是根据不同的工作场景和要求而设计的，因而在结构形式上是多种多样的。图1-43所示为应用于焊接工艺的末端执行器。

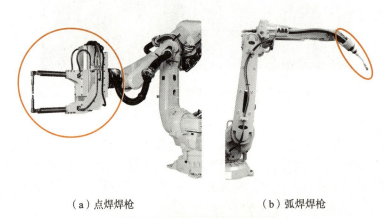

（a）点焊焊枪　　　　　　　　　（b）弧焊焊枪

图1-43　焊接工艺末端执行器

2. 变位机

图1-44所示为变位机，它是常用于焊接、雕刻工艺应用的辅助设备，可以通过变位机工作位置的变换得到理想的工业机器人加工位置。

3. 外部轴

如果工业机器人系统配备了外部轴（在六轴串联型工业机器人系统中又称为第七

轴），则工业机器人的机座安装在外部轴的工作平台上，实现工业机器人本体随外部轴移动。滑轨是最常见的外部轴，可线性扩展工业机器人本体的工作范围。在为工业机器人扩展外部轴时，需要先将其配置到工业机器人控制系统中（目前主流品牌工业机器人都配有外部轴扩展的硬件/软件接口），才能使用机器人示教器对本体轴和外部轴同时编程进行联控。工业机器人的机座和外部轴如图1-45所示。

图1-44 变位机

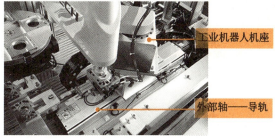

图1-45 工业机器人的机座和外部轴

【知识评测】

1. 选择题

（1）ISO8373对工业机器人给出了更具体的解释："机器人具备自动控制及可再编程、多用途功能，机器人操作机具有（　　）的可编程轴，在工业自动化应用中，机器人的底座可固定也可移动"。

　　A. 两个或两个以上　　　　　　　　B. 三个或三个以上
　　C. 四个或四个以上　　　　　　　　D. 以上均不是

（2）直角坐标机器人，也称为（　　），最简单典型的笛卡儿坐标机器人其手臂具有三个移动关节，且轴线按直角坐标方向配置，其工作的行为方式主要是沿着 X、Y、Z 轴做线性运动。

　　A. 关节机器人　　　　　　　　　　B. 极坐标机器人
　　C. 并联机器人　　　　　　　　　　D. 笛卡儿坐标机器人

（3）（　　）是利用各种电动机产生的力或力矩，直接或经过减速机构驱动机器人，以获得所需的位移、速度、加速度。

　　A. 气压驱动　　　B. 液压驱动　　　C. 智能驱动　　　D. 电动机驱动

2. 简答题

（1）简述工业机器人的系统参数有哪些。
（2）详细列举工业机器人的安装方式。

第 2 章　工业机器人本体结构

在前序章节中已经学习了工业机器人系统的组成,其中机械系统和驱动系统均布置于工业机器人本体中,本章节将详细讲解工业机器人本体结构。

对于工业机器人本体来说,机械系统是工业机器人的支承基础和执行机构,驱动系统则是工业机器人的动力源,机械系统和驱动系统都是工业机器人系统的核心组成部分。

本章主要从工业机器人本体中的机构、工业机器人的传动机构、工业机器人的驱动方式三个方面对工业机器人的本体进行介绍,使读者对工业机器人本体结构有进一步的认识。

2.1　工业机器人本体中的机构

机构,指由两个或两个以上构件以机架为基础,由运动副以一定的方式连接形成的具有确定相对运动的构件系统,其运动特性取决于构件间的相对尺寸、运动副的性质及相互配置方式。

工业机器人通常包含若干个机构,机构是机器人的重要组成部分。看似复杂多变的机械运动都是通过机构实现的。

按组成的各构件间相对运动的不同,机构可分为平面机构(如平面连杆机构、圆柱齿轮机构等)和空间机构(如空间连杆机构、蜗轮蜗杆机构等);按运动副类别不同,机构可分为低副机构(如连杆机构等)和高副机构(如凸轮机构等);按结构特征不同,机构可分为连杆机构、齿轮机构、斜面机构、棘轮机构等;按所转换的运动或力的特征,机构可分为匀速和非匀速转动机构、直线运动机构、换向机构、间歇运动机构等;按功用不同,机构可分为安全保险机构、联锁机构、擒纵机构等。

2.1.1　机构

虽然各种机构的表现形式迥异,但它们的共通之处是具有可以进行相对机械运动的构件组合体。这种"构件组合体"由构件按一定的方式连接而成,即机构是由构件和运动副两个要素构成的。

1. 自由度

进行机构相关组成及概念学习前,我们先来学习机构的自由度。

机构是具有确定运动形式的构件系统，要判断构件的组合是否能动及运动形式是否确定，需要研究其组成机构的自由度。机构具有确定运动形式时所必须给定的独立运动参数的数目（即为了使机构的位置得以确定，必须给定的独立的广义坐标的数目），称为机构的自由度，常以 F 表示，其取决于机构中活动构件数和运动副的类型及数目。

机构的自由度 F、原动件的数目和机构的运动三者有着密切关系：

（1）若 $F \leqslant 0$，则机构不能动；

（2）若 $F>0$，且与原动件的数目相等，则机构具有确定的运动形式；

（3）$F>0$，而原动件的数目 $<F$，则机构的运动形式不确定；

（4）$F>0$，而原动件的数目 $>F$，则构件间不能运动或在薄弱环节中产生损坏。

2. 构件

构件是组成机构的运动单元体，可以是一个零件，也可以由几个零件固结而成。从运动的观点来看，可以说任何机器都是由若干个（两个以上）构件组合而成的。图 2-1 所示为 ABB IRB 120 型工业机器人本体构件。

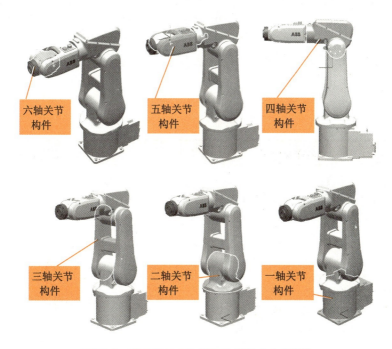

图 2-1　ABB IRB 120 型工业机器人本体构件

3. 运动副

当由构件组成机构时，需要以一定的方式把各个构件彼此连接起来，而被连接的两构件之间仍需产生某些相对运动，这种连接显然不能是刚性的，刚性连接将使两构件成为一个构件。这种由两个构件直接接触而组成的可动的连接称为运动副。

两构件在未构成运动副之前，在空间中它们共有 6 个相对自由度，而在两构件构成运动副之后，它们之间的相对运动将受到约束。设运动副的自由度（degree of freedom）以 f 表示，而其所受到的约束度（degree of constraint）以 s 表示，则两者的关系为 $f=6-s$。

两构件构成运动副后所受的约束度最少为1，最多为5。

根据运动副的约束度进行分类：把约束度为1的运动副称为Ⅰ级副（class Ⅰ pairs），约束度为2的运动副称为Ⅱ级副（class Ⅱ pairs），依此类推，共分为5级。

运动副还常根据构成运动副的两构件的接触情况进行分类。凡两构件通过单一点或线接触而构成的运动副统称为高副（higher pair），通过面接触而构成的运动副统称为低副（lower pair）。

运动副还可根据构成运动副的两构件之间的相对运动的不同来进行分类。把两构件之间的相对运动方式为转动的运动副称为转动副或回转副（revolute pair），也称铰链；相对运动为移动的运动副称为移动副；相对运动为螺旋运动的运动副称为螺旋副；相对运动为球面运动的运动副称为球面副。

由于构成转动副和移动副的两构件之间的相对运动均为单自由度的简单运动，故又把这两种运动副称为基本运动副（basic pair），而其他形式的运动副则可看成由这两种基本运动副组合而成。

此外，根据构成运动副的两构件之间的相对运动是平面运动还是空间运动，还可以把运动副分为平面运动副（planar kinematic pair）和空间运动副（spatial kinematic pair）两大类。

在工业机器人系统中，常用的运动副见表2-1，运动副相关定义可参照标准GB/T 4460—2013。

表2-1　工业机器人系统中常用的运动副

序号	名称及说明	国家标准基本符号
1	具有一个自由度； 国家标准称为回转副（平面机构）； ISO标准称为Revolute joint，又称R型关节	
2	具有一个自由度； 国家标准称为回转副（空间机构）； ISO标准称为Revolute joint，又称R型关节	ISO标准中也可用以下符号表示
3	具有一个自由度； 国家标准称为棱柱副（移动副）； ISO标准称为Prismatic joint，又称P型关节	
4	具有一个自由度； 国家标准称为螺旋副； ISO标准称为Screw joint，又称H型关节	

表 2–1（续）

序号	名称及说明	国家标准基本符号
5	具有两个自由度； 国家标准称为圆柱副； ISO 标准称为 Cylindric joint	

2.1.2 工业机器人功能构件

在 GB/T 33262—2016《工业机器人模块化设计规范》中，对工业机器人的本体结构有如下规定。

1. 功能构件分类

工业机器人功能构件的分类如图 2–2 所示，操作功能构件是指从运动学角度构成工业机器人的各个组成单元，包括连杆、关节、末端执行器等构件。

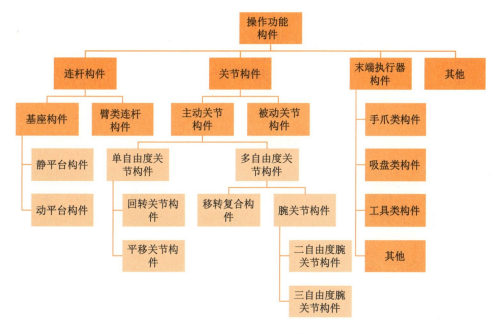

图 2–2 工业机器人功能构件分类

2. 工业机器人机构类功能构件示意图

此处依据 GB/T 33262—2016《工业机器人模块化设计规范》，仅列出应用最为广泛的工业机器人机构功能构件。

（1）回转关节构件

回转关节构件（图 2–3）用于连接相邻两杆件，提供 5 个运动约束，只有 1 个自由度，为 Ⅴ 级副。回转关节构件使两杆之间可以产生绕某轴线的回转运动，构件提供主动驱动。

图 2–3 回转关节构件机构示意图

（2）平移关节构件

平移关节构件（图2-4）用于连接两相连杆件，提供5个运动约束，只有1个自由度，为V级副。平移关节构件使两杆之间可以产生绕某轴线的线性运动，构件提供主动驱动。

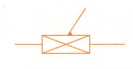

图2-4　平移关节构件机构示意图

（3）移转复合构件

移转复合构件（图2-5）为2自由度构件，可以使输出轴产生绕轴线的回转运动和沿轴线的线性位移运动，构件提供主动驱动。

（4）腕关节构件

腕关节构件（图2-6）为2~3个自由度构件，一般为回转运动，用于实现工业机器人末端的姿态。

图2-5　移转复合构件机构示意图

(a) 正交球腕关节　　　　　　　　(b) 斜交球腕关节

图2-6　典型腕关节机构示意图

2.1.3　工业机器人的典型结构

掌握机构及工业机器人机构类功能构件相关知识后，本节重点讲解工业机器人的典型结构，进一步学习工业机器人本体的机构组成。

工业机器人的典型结构

1. 工业机器人的主体结构

（1）直角坐标型机器人

直角坐标型机器人手部空间的位置变化是通过沿着三个相互垂直的轴线移动来实现的，典型的直角坐标型机器人具有3个自由度，在直角坐标型机器人本体中包含对应3个自由度方向的驱动设备，机器人的运动是确定的。

直角坐标型机器人的3个关节都是移动关节，即P型关节，关节的轴线相互垂直，移动的方向沿着笛卡儿坐标系的X、Y、Z轴方向，如图2-7所示。

直角坐标型机器人具有以下特点。

①结构简单。

②编程容易，在三个方向的线性运动没有耦合，便于控制系统的设计。

③优点是直线运动速度快、定位精度高、有效工作范围大且避障性能较好；缺点是尺寸较大，且导轨面的护理比较困难。

④由于其结构稳定性较好，多采用大型龙门式或框架式结构，能够完成大型负载的搬运工作。

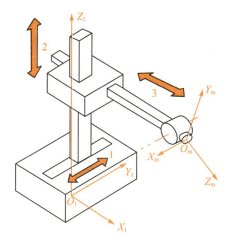

图 2-7　直角坐标机器人简图

(2) 圆柱坐标型机器人

圆柱坐标型机器人（图 2-8（a））通过两个移动关节（P 型关节）和一个转动关节（R 型关节）来实现手部空间位置的改变，其主体具有 3 个自由度：腰部转动、升降运动和手臂伸缩运动。

圆柱坐标型机器人具有如下特点。

①控制精度较高，控制较简单，结构紧凑。

②对比直角坐标形式，在垂直和径向的两个往复运动可以采用伸缩套筒式结构，在腰部转动时可以把手臂缩回去，从而减小了转动惯量，改善负载。

③由于本体结构的原因，手臂不能到达底部，机器人的工作范围受限，同时结构也较庞大。

特殊类型的圆柱坐标机器人——SCARA 机器人（图 2-8（b））有 3 个旋转关节，其轴线相互平行，在平面内进行定位和定向。另一个关节是移动关节，用于完成末端件在垂直于平面的运动，SCARA 机器人的移动关节通常采用螺旋副（图 2-9）。

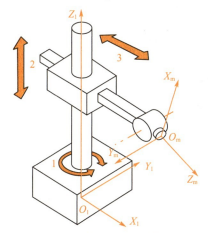
(a) 典型圆柱型坐标机器人

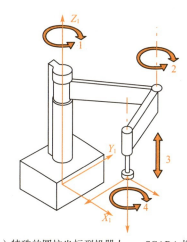
(b) 特殊的圆柱坐标型机器人——SCARA 机器人

图 2-8　圆柱坐标型机器人

图 2-9　SCARA 机器人的移动关节——螺旋副

（3）关节型机器人

如图 2-10 所示为典型的 6 自由度关节型机器人，其具有 6 个 R 型转动关节。关节型机器人主要由底座、大臂和小臂组成，主要有以下特点。

①结构紧凑，占地面积小。

②灵活性好，手部到达位置好，具有较好的避障性能。

③没有移动关节，关节密封性能好，摩擦小，惯量小。

④关节驱动力小，能耗较低。

⑤运动过程中存在平衡问题，当大臂和小臂舒展开时，机器人结构刚度较低。

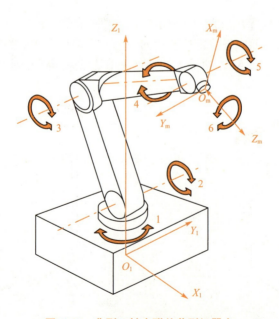

图 2-10　典型 6 轴串联关节型机器人

（4）并联机器人

在并联机器人机构体系中，机器人的臂部是以并联方式驱动的一种闭式链机构，图2-11所示是4自由度的Delta并联机器人，静平台、动平台之间通过三条相同的运动链连接，它们构成了并联型机器人臂部，每条运动链中都有一个由连杆和球铰组成的平行四边形闭环机构，此闭环机构又叫从动臂，它连接了动平台和主动臂，主动臂和静平台之间通过旋转副连接。三组平行四边形结构保证了动平台与静平台可以始终保持平行，使机构拥有沿空间X、Y、Z三个方向运动的自由度，此外末端执行器还可以绕着动平台轴线旋转，构成了第四个旋转的自由度。该类型机构的刚度高、速度快、柔性强等优点，使并联机器人在食品、医药、电子等轻工业中应用最为广泛，在物料的搬运、包装、分拣等方面有着无可比拟的优势。

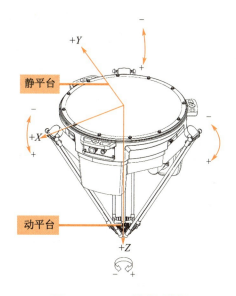

图2-11 Delta并联机器人

2. 工业机器人的腕部结构

工业机器人的手部作为末端执行器是完成抓握工作或执行特定作业的重要部件，而工业机器人的腕部是工业机器人连接手部和臂部的部件，其作用是调整或改变手部的姿态以实现所期望的姿态，是机器人机械结构中最复杂的部分。大多数工业机器人的手部结构和尺寸都是根据其不同的作业任务要求来设计的，从而形成了多样的结构形式。

腕部按自由度数量可分为单自由度腕部、二自由度腕部和三自由度腕部。对于一般的机器人，与手部相连接的腕部都具有独驱自转的功能，若腕部能在空间取任意方位，那么与之相连的手部就可在空间取任意姿态即达到完全灵活的状态，三自由度腕部能使手部取得空间任意姿态。

（1）单自由度腕部

单自由度回转运动手腕用回转油缸或气缸直接驱动实现腕部回转运动。图2-12所示为采用回转油缸直接驱动的单自由度腕部结构。这种手腕具有结构紧凑、体积小、运动灵活、响应快、精度高等特点，但回转角度受限制，一般小于270°。

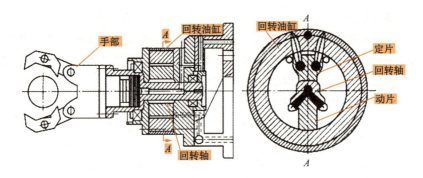

图 2-12 单自由度腕部结构示意图

（2）2 自由度腕部

图 2-13 所示为采用齿轮传动机构实现手腕回转和俯仰的 2 自由度手腕。腕部回转运动由传动轴 S 传递，轴 S 驱动锥齿轮 1 回转，并带动锥齿轮 2，3，4 转动。手腕与锥齿轮 4 为一体，从而实现手部绕 C 轴的回转运动。手腕的俯仰由传动轴 B 传递，轴 B 驱动锥齿轮 5 回转，并带动锥齿轮 6 绕 A 轴回转，手腕的壳体 7 与传动轴 A 用销子连接为一体，从而实现手腕的俯仰运动。

这种传动机构结构紧凑、轻巧，传动扭矩大，能提高机器人的工作性能，但该结构的缺点是手腕有一个诱导运动，设计时要注意采取补偿措施，消除诱导运动的影响。

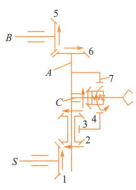

图 2-13 2 自由度手腕

（3）3 自由度腕部

工业机器人一般具有 6 个自由度才能使手部（末端执行器）达到目标位置并处于期望的姿态。为了使手部能处于空间任意方向，要求腕部能实现对空间 3 个坐标轴 X、Y、Z 的转动，即具有翻转、俯仰和偏转 3 个自由度。

为说明腕部回转关节的组合形式，首先介绍各回转方向专用的名称。

①臂转：绕小臂轴线方向的旋转；

②腕摆：使手部相对于手臂进行的摆动；

③手转：使手部绕自身轴线方向的旋转。

如图 2-14 中腕部关节配置分别为臂转、腕摆、手转结构和双腕摆、手转结构。

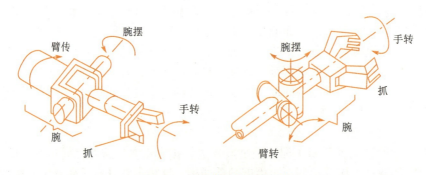

图 2-14 腕关节回转运动形式

按转动特点的不同，腕关节的转动副又可细分为滚转和弯转两种（图 2-15）。滚转的特点是相对转动的两个构件的回转轴线重合，可以实现 360° 无障碍旋转，滚转通常用 R 来标记。弯转的特点是两个构件的转动轴线相互垂直，此运动会受到结构的限制造成相对转动角度小于 360°，弯转通常用 B 来标记。

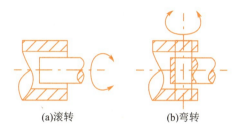

图 2-15 滚转和弯转

图 2-16 所示为典型的 3 自由度手腕结构。BBR 手腕可以使手部实现俯仰、偏转和回转运动，手腕结构紧凑，大大减小了手腕纵向尺寸。BRR 手腕为了不使自由度退化，第一个 B 关节必须进行如图 2-16（b）所示的偏置。RRR 手腕可以实现手部偏转、俯仰和回转运动。RBR 手腕的 3 条轴线相交于一点，是目前主流机器人采用的手腕结构。

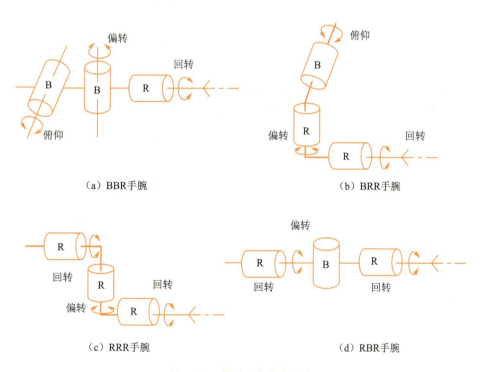

图 2-16 典型 3 自由度手腕

2.2 工业机器人的传动机构

工业机器人在运动时,各个关节轴都需要驱动装置以提供动力,需要传动装置实现运动的转化,进而最终实现工业机器人本体的各构件进行稳定可控的运动。本节主要介绍关节常用的传动机构。

在学习传动机构前,我们先来了解典型工业机器人本体内的传动机构和驱动装置。

2.2.1 工业机器人本体中的传动机构与驱动

在工业现场中,应用最为广泛的工业机器人有关节型工业机器人、SCARA 工业机器人和 Delta 机器人等,现在我们分别来学习典型工业机器人的本体结构。

1. 关节型工业机器人本体结构

我们以 ABB IRB 120 型工业机器人为例,学习串联关节型工业机器人的内部结构。ABB IRB 120 型工业机器人本体具备 6 个关节轴,每个关节轴都由伺服电机驱动,1、2、4、6 号关节轴均采用齿轮减速机为传动机构,3 和 5 号关节轴均采用齿轮减速机和皮带为传动机构,如图 2-17 和图 2-18 所示。

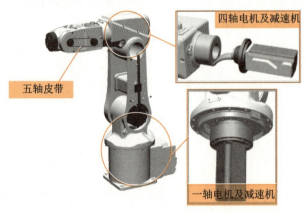

图 2-17 ABB IRB 120 型工业机器人内部结构 1

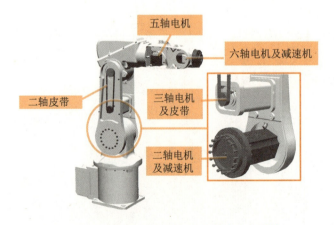

图 2-18 ABB IRB 120 型工业机器人内部结构 2

2. SCARA 工业机器人本体结构

以 EPSON G6 系列 SCARA 工业机器人为例，其本体的结构如图 2-19 所示，每个关节轴均由电机驱动，1，2 号关节的传动机构为减速机，3 号关节的传动机构是皮带和滚珠丝杠机构且通过制动器实现制动，4 号关节的传动机构是两级皮带，通过制动器实现制动。

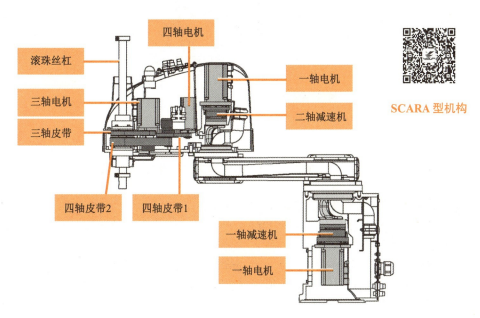

图 2-19 典型 SCARA 工业机器人本体内部结构

3. Delta 机器人本体结构

以 ABB IRB 360 型工业机器人为例，学习并联关节型工业机器人的内部结构，如图 2-20 所示。ABB IRB 360 型工业机器人的 4 个关节轴均使用电机驱动，传动装置为齿轮减速机。

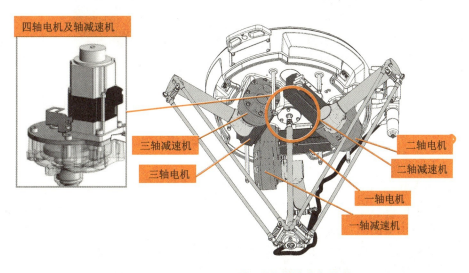

图 2-20 ABB IRB 360 型工业机器人内部结构

市场上也有一些并联机器人采用图 2-21 所示的结构,3 个并联轴采用直线电机驱动。

图 2-21　直线电机在并联机器人上的应用

2.2.2　传动机构的基本形式和特点

传动机构的功能是把驱动装置的运动传递到关节和动作部位。工业机器人常用的传动机构有齿轮传动——减速机、螺旋传动——滚珠丝杠、带传动——同步带、链传动、连杆机构与凸轮传动。其中,齿轮传动中的 RV 减速机和谐波减速机应用最为广泛(图 2-22)。RV 减速机主要用于负载 20 kg 以上的机器人关节,而谐波减速机则运用在负载 20 kg 以下的机器人关节。

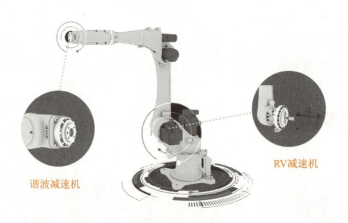

图 2-22　工业机器人本体中的齿轮传动机构

1. RV 减速机

(1) 概念认知

RV 减速机(图 2-23)是旋转适量(rotary vector)减速机的简称,是在传统针摆行星传动的基础上发展出来的传动装置,不仅克服了一般针摆传动的缺点,还具有高精度、高刚性、高耐久性、高输出密度、减速比范围大和低振动等一系列优点。

工业机器人的动力源是交流伺服电机。为了保证机器人能够可靠地完成任务,并确保工艺质量，对机器人的重复定位精度要求很高。这项指标就需要依靠高精度的 RV 减速机来完成。RV 减速机的另一作用是减速、增扭矩。当负载较大时，不断提高电机功率是不可取的。这时，最佳捷径就是通过 RV 减速机来提高输出扭矩。

图 2-23　工业机器人机座处的 RV 减速机

RV 减速机由日本 Nabtesco Corporation（纳博特斯克公司）的前身——日本帝人制机（Teijin Seki）公司于 1985 年率先研制，并获得了日本的专利；从 1986 年开始商品化生产和销售。

（2）RV 减速机结构及原理

RV 减速机内部的主要零部件有：输入齿轮、直齿轮、曲轴、RV 齿轮、针轮和输出法兰等，如图 2-24 所示。各零部件介绍如下。

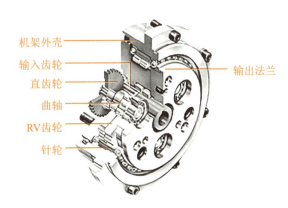

图 2-24　RV 减速机内部的主要零部件

输入齿轮：用来传递输入功率，且与直齿轮互相啮合。

直齿轮：也就是渐开线行星轮，它与曲轴固联，两个行星轮均匀地分布在一个圆周上，起功率分流的作用，即将输入功率分成两路传递给摆线针轮行星机构。

曲轴：摆线轮的旋转轴。它的一端与直齿轮相连接，另一端与输出法兰相连，它可以带动摆线轮产生公转，又可以支撑摆线轮产生自转。

RV 齿轮（摆线轮）：为了实现径向力的平衡，在该传动机构中，一般应采用两个完全相同的摆线轮，分别安装在曲柄轴上，且两摆线轮的偏心位置相互成180°。

针轮：针轮与机架固连在一起而成为针轮壳体，在针轮上安装有30个针齿。

输出法兰：实现RV型传动机构与外界从动工作机相连接的构件，作用是输出运动或动力。

RV减速机是由直齿减速部分和采用针销的内齿轮与摆线外齿轮构成的偏心差动式减速部分组合而成的二级减速机。RV传动过程是当电机产生回转运动时，由输入齿轮传递给直齿轮，并按齿数比进行减速，这是第一级减速部分；直齿轮的回转运动传给曲轴，使RV齿轮做偏心运动，机架外壳固定时，RV齿轮发生公转，同时在公转过程中会受到固定于外壳上的针齿的作用力而形成与RV齿轮公转方向相反的力矩，也造就了摆线轮的自转运动。通过轴承，将自转部分传给输出轴，这是第二级减速部分。RV减速机传动简图如图2-25所示。

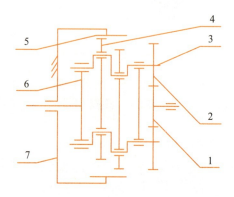

1—输入齿轮；2—直齿轮；3—曲轴；4—RV齿轮；5—针轮；6—输出轴；7—外壳。

图2-25 RV减速机传动简图

（3）RV减速机特点

RV减速机从结构上看，其基本特点可以概括如下。

①如果传动机构置于行星架的支撑主轴承内，那么这种传动的轴向尺寸可大大缩小。

②采用二级减速机构，处于低速级的摆线针轮行星传动更加平稳，同时由于转臂轴承个数增多且内外环相对转速下降，其寿命也可大大提高。

③只要设计合理，就可以获得很高的运动精度和很小的回差。

④RV传动的输出机构是采用两端支撑的尽可能大的刚性圆盘，比一般摆线减速机的输出机构具有更大的刚度，且抗冲击性能也有很大提高。

⑤传动比范围大。即使摆线齿数不变，只改变渐开线齿数就可以得到很多的速度比，其传动比为31~171。

⑥传动效率高，为0.85~0.92。

2. 谐波减速机

谐波减速机在航空航天、能源、航海、造船、仿生机械、常用军械、机床、仪表、电子设备、矿山冶金、交通运输、起重机械、石油化工机械、纺织机械、农业机械以及医疗器械等方面得到了日益广泛的应用，特别是在高动态性能的伺服系统中，采用谐波齿轮传动更显示出其优越性，其传递的功率从几十瓦到几十千瓦，但大功率的谐波齿轮传动多用于短期工作场合。

(1) 概念认知

谐波减速机是谐波齿轮传动装置（harmonic gear drive）的简称。谐波齿轮传动装置实际上既可用于减速也可用于升速，但由于其传动比很大（通常为50~160），因此在工业机器人、数控机床等产品上应用时，一般较少用于升速，故习惯上称其为谐波减速机。

谐波齿轮传动装置是美国著名发明家C. W. Musser在1955年发明的，该技术在1957年获得美国的发明专利，1960年美国United Shoe Machinery公司（简称USM公司）率先研制出样机。

(2) 谐波减速机结构及原理

谐波齿轮减速机是一种利用柔性构件的弹性变形波进行运动和动力传递变换的新型齿轮减速机，具有结构简单、体积小、传动比大、精度高、可向密封空间传递运动和动力等优点，因而在精密程度要求高的工业机器人系统中经常得到应用。

图2-26所示为工业机器人中安装的谐波减速机，由刚轮、柔轮和波发生器三个构件组成，其中钢轮和柔轮组成减速机主体。

① 刚轮是一个圆周上加工有连接孔的刚性内齿圆，其齿数比柔轮略多（一般多2个或4个）。当刚轮固定、柔轮旋转时，刚轮的连接孔用来连接壳体；当柔轮固定、刚轮旋转时，连接孔可用来连接输出轴。

② 柔轮是一个可产生较大变形的薄壁金属弹性体。弹性体与刚轮啮合的部位为薄壁外齿圆；柔轮的底部是加工有连接孔的圆盘；外齿圆和底部间利用弹性膜片连接。当刚轮固定、柔轮旋转时，底部安装孔可用来连接输出轴；当柔轮固定、刚轮旋转时，底部安装孔可用来固定柔轮。

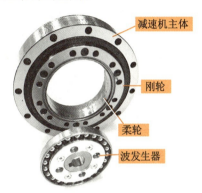

图2-26 谐波减速机

③ 波发生器一般由凸轮和滚珠轴承构成。发生器的内侧是一个椭圆形的凸轮，凸轮的外圆上套有一个能够产生弹性变形的薄壁滚珠轴承，轴承的内圈固定在凸轮上，外圈与柔轮内侧接触。凸轮装入轴承内圆后，轴承将产生弹性变形而成为椭圆形。波发生器装入柔轮后，它又可迫使柔轮的外齿圈部位变成椭圆形；使椭圆长轴附近的柔轮齿与刚轮齿完全啮合，短轴附近的柔轮齿与刚轮齿完全脱开。当凸轮连接输入轴旋转时，柔轮齿与刚轮齿的啮合位置可不断变化。

三个构件中可任意固定一个，其余两个部件中的一个连接入轴（主动输入），另一个即可作为输出（从动），实现减速或增速。作为减速机使用时，通常采用波发生器主动、刚轮固定、柔轮输出的形式。

谐波减速机是利用谐波齿轮传动的原理，与少齿差行星齿轮传动相似，依靠柔轮产生的可控变形波引起齿间的相对错齿来传递动力和运动的。其主要工作原理是：波发生器是一个杆状部件，是使柔轮产生可控弹性变形的构件，其两端装有滚动轴承构成滚轮，与柔轮的内壁相互压紧；

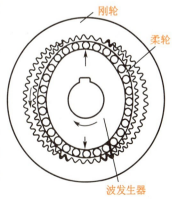

图2-27 谐波减速机工作原理图

而柔轮为可产生较大弹性变形的薄壁齿轮，其内孔直径略小于波发生器的总长。如图2-27所示，在波发生器装入柔轮后，迫使柔轮的剖面由原先的圆形变成椭圆形，椭圆长轴两端的柔轮齿和与之配合的刚轮齿则处于完全啮合状态，即柔轮的外齿与刚轮的内齿沿齿高啮合。这是啮合区，一般有30%左右的齿处在啮合状态。椭圆短轴两端的柔轮齿与刚轮齿处于完全脱开状态，简称脱开。在波发生器长轴和短轴之间的柔轮齿，沿柔轮周长的不同区段内，有的逐渐退出刚轮齿间，处在半脱开状态，称之为啮出。波发生器在柔轮内转动时，迫使柔轮产生连续的弹性变形，此时波发生器的连续转动使柔轮齿的啮入—啮合—啮出—脱开这四种状态循环往复，不断地改变各自原来的啮合状态。这种现象称为错齿运动，正是利用这一错齿运动，减速机就可将输入的高速转动变为输出的低速转动。

工作时，固定刚轮，由电机带动波发生器转动，柔轮作为从动轮，输出转动，带动负载运动。由于谐波齿轮减速机采用了部分柔性件（柔轮），传动时有许多齿同时参与啮合传动，所以传递的载荷较大，承载能力大。又因轮齿的相对位移不大，而且主要发生在载荷小的区域，故齿轮啮合时摩擦、磨损较小。

（3）谐波减速机特点

谐波减速机具有如下特点，使其在工业机器人领域被广泛应用。

①传动速比大。单级谐波齿轮传动速比范围为70~320，在某些装置中可达到1 000，多级传动速比可达30 000以上。它不仅可用于减速，也可用于增速的场合。

②承载能力高。谐波齿轮传动中同时啮合的齿数多，双波传动同时啮合的齿数可达总齿数的30%以上，而且柔轮采用了高强度材料，齿与齿之间是面接触。

③传动精度高。这是因为谐波齿轮传动中同时啮合的齿数多，误差平均化，即多齿啮合对误差有相互补偿作用，故传动精度高。在齿轮精度等级相同的情况下，传动误差只有普通圆柱齿轮传动的1/4左右。同时可采用微量改变波发生器的半径来增加柔轮的变形使齿隙很小，甚至能做到无侧隙啮合，故谐波齿轮减速机传动空程小，适用于反向转动。

④传动效率高、运动平稳。由于柔轮轮齿在传动过程中做均匀的径向移动，因此即使输入速度很高，轮齿的相对滑移速度仍是极低的（故为普通渐开线齿轮传动的百分之一），所以轮齿磨损小，效率高（可达69%~96%）。又由于啮入和啮出时，齿轮的两侧都参加工作，因而无冲击现象，运动平稳。

⑤结构简单、零件少、安装方便。仅有三个基本构件，且输入与输出轴同轴线。

⑥体积小、质量小。与一般减速机比较，输出力矩相同时，谐波齿轮减速机的体积可减小2/3，质量可减小1/2。

⑦可向密闭空间传递运动。利用柔轮的柔性特点，轮传动的这一可贵优点是现有其他传动无法比拟的。

3. 同步带

同步带传动早在1900年就已有人研究并多次申请专利，但其实用化却是在第二次世界大战以后。由于同步带是一种兼有链、齿轮、三角胶带优点的传动零件，随着第二次世界大战后工业的发展而得到重视，并于1940年由美国尤尼罗尔（Unirayal）橡胶公司首先加以开发。1946年辛加公司把同步带用于缝纫机针和缠线管的同步传动上，取得显著效益，并被逐渐引用到其他机械传动上。

同步带传动通过传动带内表面上等距分布的横向齿和带轮上的相应齿槽的啮合来传递运动。与摩擦型带传动比较，同步带传动的带轮和传动带之间没有相对滑动，能够保证严格的传动比，但同步带传动对中心距及其尺寸稳定性要求较高。

工业机器人本体中，同步带主要用于通过带轮传递回转运动，有时也用来驱动平行轴之间的小齿轮。图2-28所示为同步带在典型中型工业机器人中的应用，通过同步带、主动带轮将回转运动传送至从动带轮处。

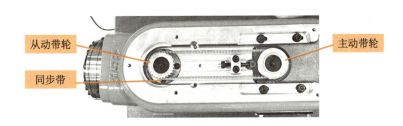

图2-28 同步带传动

同步带传动具有以下特点。

①传动准确，工作时无滑动，具有恒定的传动比。
②传动平稳，具有缓冲、减振能力，噪声低。
③传动效率高，可达0.98，节能效果明显。
④维护保养方便，无须润滑，维护费用低。
⑤速比范围大，一般可达10，线速度可达50 m/s，功率传递范围大，可达几瓦到几百千瓦。
⑥可用于长距离传动，中心距可达10 m以上。
⑦相对于V型带传送，预紧力较小，轴和轴承上所受载荷小。

4. 滚珠丝杠

滚珠丝杠是工具机械和精密机械上最常使用的传动元件，其主要功能是将旋转运动转换成线性运动，或将扭矩转换成轴向反复作用力，同时兼具高精度、可逆性和高效率的特点。由于具有很小的摩擦阻力，滚珠丝杠被广泛应用于各种工业设备和精密仪器。滚珠丝杠多用于SCARA型工业机器人的移动机构以及工业机器人的扩展轴处。

滚珠丝杠主要由丝杠、螺母、密封圈和滚珠等组成，如图2-29所示。

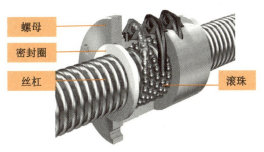

图2-29 滚珠丝杠

滚珠丝杠的丝杠和螺母上加工有同直径的半圆形螺旋槽，两者套装在一起后，便可构成圆形的螺旋滚道。

滚珠丝杠的螺旋滚道内装有滚珠，当丝杠旋转时，滚珠可在滚道内自转，同时又可沿滚道螺旋运动。滚珠的螺旋运动可使丝杠和螺母间产生轴向相对运动，当丝杠或螺母被固定时，螺母或丝杠即可产生直线运动。

滚珠丝杠具有以下特点。

①摩擦损失小、传动效率高。由于滚珠丝杠副的丝杠轴与丝杠螺母之间有很多滚珠在做滚动运动,所以能得到较高的运动效率。与过去的滑动丝杠副相比,驱动力矩达到1/3以下,即达到同样运动结果所需的动力为使用滑动丝杠副的1/3。这有利于节约电能。

②精度高。滚珠丝杠副一般是用世界最高水平的机械设备连贯生产出来的,特别是研削、组装、检查各工序的工厂环境方面,对温度、湿度进行了严格的控制,完善的品质管理体制使精度得以充分保证。

③高速进给和微进给可能。滚珠丝杠副由于是利用滚珠运动,所以启动力矩极小,不会出现滑动运动那样的爬行现象,能保证实现精确的微进给。

④轴向刚度高。滚珠丝杠副可以加予预压力,由于预压力可使轴向间隙达到负值,进而得到较高的刚性(滚珠丝杠内通过给滚珠加予压力,在实际用于机械装置等,滚珠的斥力可使丝母部的刚性增强)。

⑤不能自锁,具有传动的可逆性。

2.3 工业机器人的驱动方式

进行工业机器人设计时,其驱动方式的选择一般从驱动力和速度因素考量,可根据机械功率进行选型。根据输入能量的来源,驱动方式主要分为三种:电动机驱动、液压驱动和气压驱动。

2.3.1 电动机驱动方式

电动机驱动的输入能源是电能。

1974年ABB发布了第一台商用的电动机驱动工业机器人。

电机按用途分为驱动电机、控制电机和信号电机三大类,每个大类还可以细分成很多小的种类,具体见表2–2。工业机器人系统中使用的电机通常为控制用电动机。

表2–2 电机主要种类

驱动电动机	直流电动机	永磁式直流电动机	
		电磁式直流电动机	绝缘直流电动机
			并励式直流电动机
			串励式直流电动机
			复励式直流电动机
	交流电动机	同步电动机(单相或三相)	永磁式同步电动机
			凸极式同步电动机
			隐极式同步电动机
		异步电动机	单相异步电动机
			三相 笼型 普通笼型

表 2-2（续）

驱动电动机	交流电动机	异步电动机	三相	笼型	高转差率式
					深槽式
					双鼠笼式
					多速电动机
				绕线型	
控制电动机	步进电动机		两相永磁式步进电动机		
			三相反应式步进电动机		
		混合式	两相混合式步进电动机		
			三相混合式步进电动机		
			五相混合式步进电动机		
	伺服电动机	直流伺服	永磁式直流伺服电动机		
			电磁式直流伺服电动机		
		交流伺服	永磁同步式交流伺服电动机		
			笼型异步式交流伺服电动机		
	直线电动机		交流直线感应电动机		
			交流直线同步电动机		
			直流直线电动机		
			直线步进电动机		
信号电动机			自整角机		
			旋转变压器		
			测速发电机		

1. 步进电机

步进电机又称为脉冲电机，是将电脉冲信号转变为角位移或线位移的开环控制电机，电机系统不包含反馈检测。只要输入脉冲数量、频率和电机绕组的通电顺序，便可获得所需的转角、转速及转动方向。其不受负载变化的影响，可直接将数字信号转变为角位移或线位移，很适合作为数字控制系统的元件。

步进电机主要应用于工业领域内的中小型工业机器人，还有教学机器人和智能玩具。在其他领域步进电机也有广泛的应用。

2. 伺服电机

伺服电机（servo motor）是指在伺服系统中控制机械元件运转的发动机，是一种补助马达间接变速装置。伺服电机可使控制速度、位置精度非常准确，可以将电压信号转化为转矩和转速以驱动控制对象。伺服电机转子转速受输入信号控制，并能快速反应，在自动控制系统中，用作执行元件，且具有机电时间常数小、线性度高、始动电压低等特性，可把所收到的电信号转换成电动机轴上的角位移或角速度输出。伺服电机分为直流和交流伺服电动机两大类，其主要特点是，当信号电压为零时无自转现象，转速随着转矩的增加而匀速下降。

在主流工业机器人系统中，伺服电机应用最为广泛，图2-30所示为中型工业机器人本体中的伺服电机。

1——轴电机；2—二轴电机；3—三轴电机；4—四轴电机；5—五轴电机；6—六轴电机。

图2-30 中型工业机器人本体中伺服电机位置示意图

3. 直线电机

直线电机是一种能将电能直接转换成直线机械运动的电动机，不需要像滚珠丝杠一类的中间传动机构，与常规的旋转电动机相比，它具有以下优点。

① 采用直线电动机不需要任何中间转换装置而直接产生推力，简化了系统结构，保证了运行的可靠性，其传递效率高、质量小、制造成本低、易于维护。

② 直线电动机直接产生直线电磁推力，运动时无机械接触，传动零部件无磨损，从而大大减少了机械损耗。

③ 直线电机结构简单，可以在一些特殊场合中应用，例如可在潮湿环境（甚至在水中）使用。

④ 直线电动机的散热效果也较好，不需要附加冷却转置。

直线电机目前尚未得到普遍应用，主要问题是它还存在着以下不足之处。

① 与同容量旋转电动机相比，由于气隙大，直线电动机（主要是感应式直线电动机）的效率和功率因数较低，而且滑差率也较大。

② 没有减速机构，是减速比为1的电动机，这既是它的优点，也是它的缺点。

③ 功耗大，启动电流大，启动推力易受到电压波动的影响。

综上特点，在所用直线运动的装置或系统中，是否采用直线电动机驱动，需要进行综合考虑。

2.3.2 液压驱动方式

液压驱动是通过适当的泵将储存在液压系统油箱里的液压能转换成机械能。

液压驱动是工业机器人使用的流体能源驱动设备，使用高压液体如液压油将力传递至所需的位置，早期的工业机器人一般都采用液压系统。液压驱动器的外观与气动驱动器类似，与气压驱动相比，液压驱动的流体压强更高，适用于重载的场合。

图2-31所示为国产全液压重载工业机器人，全液压重载工业机器人的应用可以有

效解决工业领域中重型工件搬运、装配以及重型装备的维护作业等问题,同时工业重载机器人也是实现矿山、冶金、航空航天等领域大负载作业的效率提升、生产安全保障、人工成本降低等需求的核心装备。

图 2-31　全液压重载工业机器人

工业机器人采用液压驱动系统,有以下几个优点。

①液压容易达到较高的单位面积压力(常用油压为 2.5 ~ 6.3 MPa),体积较小(与气动相比),可以获得较大的推力或转矩。

②液压系统介质的可压缩性小,工作平稳可靠,并可得到较高的位置精度。

③液压传动中,力、速度和方向比较容易实现自动控制。

④液压系统采用油液作介质,具有防锈性和自润滑性能,可以提高机械效率,使用寿命长。

液压传动系统的不足之处如下。

①油液的黏度随温度变化而变化,这将影响工作性能。高温容易引起燃烧、爆炸等危险。

②要使液压元件有较高的精度和质量,必须解决液体泄漏问题,故造价较高。

③工作液体对污染很敏感,污染后的工作液体对液压元件的危害很大,因此液压系统的故障比较难查找,对操作、维修人员的技术水平有较高要求。

2.3.3　气压驱动方式

气压驱动是压缩机产生的气压通过活塞或涡轮机转换成机械能。

气压驱动具有速度快、系统结构简单、维修方便、价格低等优点,广泛应用于驱动工业机器人末端工具的动作。由于气压驱动方式难以实现精确的速度和位置控制,所以在工业机器人本体驱动系统中一般不适用,但是当工业机器人不要求连续运动控制时,气动驱动也可以直接用于驱动工业机器人。

如图 2-32 所示为气动吸盘和气动机器人手爪。

气压驱动具备的优点如下。

①在工业机器人常用驱动方式中成本最低,且系统搭建方式简单。

②压缩后的气体能够被储存且易于长距离输送。

③高压气体是清洁能源,防爆炸且对温度不敏感。

④活动部件较少,可靠性高且维护成本低。

⑤无须机械传动装置。
⑥结构紧凑，控制方式简单。

（a）气动吸盘　　　　　　　　（b）气动机器人手爪

图 2-32　气动吸盘和气动机器人手爪

气压驱动除了具备以上优点，也具备一些不可避免的缺点。
①由于气体是可压缩的，除非使用更复杂的机电装置，否则难以实现精确的速度和位置控制。
②如果采用机械制动装置，重启后系统运行会很慢。
③由于气体的可压缩性，气动驱动方式不适用于精确控制的场合，而且气体压缩性将导致应用时需要输出更大的力，才能保证在加载时动作可靠。

【知识评测】

1. 选择题

（1）（　　）指由两个或两个以上构件以机架为基础，由运动副以一定的方式连接形成的具有确定相对运动的构件系统，其运动特性取决于构件间的相对尺寸、运动副的性质及相互配置方式。

　　A. 运动副　　　　B. 构件　　　　C. 机构　　　　D. 以上均不是

（2）（　　）通过两个移动关节（P型关节）和一个转动关节（R型转动关节）来实现手部空间位置的改变，其主体具有3个自由度：腰部转动、升降运动和手臂伸缩运动。

　　A. 关节型机器人　　　　　　　　B. 圆柱坐标型机器人
　　C. 并联型机器人　　　　　　　　D. 笛卡儿坐标型机器人

（3）工业机器人的腕部是工业机器人连接手部和（　　）的部件，其作用是调整或改变手部的姿态以实现所期望的姿态，是机器人机械结构中结构最复杂的部分。

　　A. 腰部　　　　　B. 机座　　　　C. 手腕　　　　D. 臂部

2. 简答题

（1）简述工业机器人的驱动方式有哪些。
（2）简述谐波减速机的结构及原理。

第 3 章 工业机器人运动学与动力学

3.1 工业机器人运动学基础

工业机器人,特别是其中最有代表性的关节型机器人,实质上是由一系列关节连接而成的空间连杆开式链机构。要研究工业机器人,就必须对其运动学有一个基本的了解。本小节将主要讨论机器人运动学的基本问题,引入齐次坐标、齐次变换,进行机器人的位姿分析,并介绍机器人正向运动与逆向运动的基本知识。

3.1.1 齐次坐标与位姿

1. 点的位置

一旦建立了坐标系,我们就可以用一个 3×1 的位置矢量矩阵对坐标系中的任意点进行位置描述。

因为机器人坐标系统中包含多个坐标系,因此必须在位置矢量上附加坐标系信息,标明是在哪一个坐标系中定义的。在本书中,位置矢量用一个前置的上标来表明其参考的坐标系,例如 $^A\boldsymbol{P}$,这表明 $^A\boldsymbol{P}$ 的数值是基于坐标系 A 表示的。

如图 3-1 所示的坐标系 A 中,P 点即可用 3×1 位置矢量标识如下:

$$^A\boldsymbol{P} = [p_x\, p_y\, p_z]^T$$

2. 齐次坐标

将一个 n 维空间的点用 $n+1$ 维坐标表示,则该 $n+1$ 维坐标即 n 维坐标的齐次坐标。例如三维空间中的一个点是用三维向量 $[x\, y\, z]^T$ 表示的,我们可以增加一个额外的坐标得到四维向量 $[x\, y\, z\, 1]^T$,而这两个坐标向量表示的是同一个点。

下面我们给出齐次坐标的一般形式,即

$$\boldsymbol{P} = [a\, b\, c\, w]^T$$

w 称为该齐次坐标中的比例因子,当取 $w=1$ 时,此表示方法称

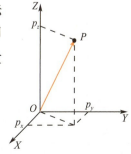

图 3-1 空间点位表示

为齐次坐标的规格化形式,此时 a、b、c 与在三维坐标系中的坐标矢量(即 p_x、p_y、p_z)是相同的;当 $w \neq 1$ 时,则相当于将该列阵中各元素除以非零的比例因子 w,仍然表示同一点 P,即

$$p_x = \frac{a}{w}, p_y = \frac{b}{w}, p_z = \frac{c}{w}$$

当 $w=0$ 时,P 点此时的齐次表达形式为 $[a\,b\,c\,0]^T$。因为除数不能为 0 的缘故,所以似乎没有任何空间点是和这种表达形式是对应的。事实上,这种表达形式其实就是坐标系中无穷远处的点,我们可以将其理解为矢量的方向。

在此我们规定,4×1 列矩阵 $[a\,b\,c\,w]^T$ 中第四个元素为零,且满足 $a^2 + b^2 + c^2 = 1$。则 $[a\,b\,c\,0]^T$ 就表示某矢量在坐标中的姿态。如图 3-2 所示,i、j、k 分别表示直角坐标系中 X、Y、Z 坐标轴的单位矢量,u 表示空间中的任意一个姿态的矢量,此处用齐次坐标表示,即

$$i = [1\,0\,0\,0]^T$$

$$j = [0\,1\,0\,0]^T$$

$$k = [0\,0\,1\,0]^T$$

$$u = [\cos\alpha\,\cos\beta\,\cos\gamma\,0]^T$$

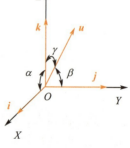

图 3-2 矢量的方向表示

3. 位姿

位姿是两个概念,即位置和姿态。在机器人运动学中,除了经常需要描述空间中点的位置,还经常需要描述空间中物体的姿态。当机器人末端某点已经在空间中固定下来时,机器人可能会呈现出不同的姿态。图 3-3 所示为工业机器人的末端姿态,为了更好地表述机器人的位姿,我们将机器人中各连杆置于坐标系中进行描述。在机器人坐标系中,连杆基于某坐标系而运动的这个坐标系称为静坐标系,简称静系;与连杆固结并跟随连杆运动的坐标系称为动坐标系,简称动系。如果能将动系的原点位置以及各坐标轴方向在静系中表达出来,那么也就完成了机器人连杆的位姿描述。

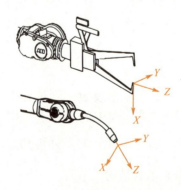

图 3-3 工业机器人的末端姿态

一个物体,如果给定了其中某一点的位置以及在空间中的姿态,那么我们就说这个物体在空间中的位姿是确定的。如图 3-4 所示,动系 $O'-X'Y'Z'$ 与连杆固结在一起,其

中 O' 为连杆上的某一点，我们就可以用动系 $O'-X'Y'Z'$ 的位姿来表示机器人连杆的位姿了。

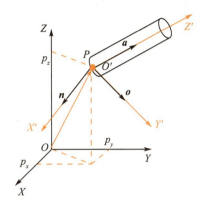

图 3-4 连杆位姿

（1）连杆位置

我们通过连杆上的 P 点（即动系原点 O'）在静系中的位置来表达连杆的位置，此处可用齐次坐标表示为

$$P = [p_x\ p_y\ p_z\ 1]^T$$

（2）连杆姿态

连杆的姿态可以用动系的三个坐标轴 X'、Y'、Z' 来表示，先分别在这三个坐标轴上取对应的单位矢量，即 n、o、a。这三个矢量用齐次表达式可以表达为

$$n = [n_x\ n_y\ n_z\ 0]^T$$

$$o = [o_x\ o_y\ o_z\ 0]^T$$

$$a = [a_x\ a_y\ a_z\ 0]^T$$

综上所述，连杆的位姿就可以用如下齐次矩阵来进行表示：

$$d = [n\ o\ a\ P] = \begin{bmatrix} n_x & o_x & a_x & p_x \\ n_y & o_y & a_y & p_y \\ n_z & o_z & a_z & p_z \\ 0 & 0 & 0 & 1 \end{bmatrix}$$

3.1.2 齐次变换

物体的运动形式可以分解为旋转和平移，再复杂的运动也是由这两种简单的基本运动构成的，接下来我们分别用齐次变换来表示这两种运动。

1. 平移的齐次变换

如图 3-5 所示，空间中原本存在某一点 P，其坐标为 (p_x, p_y, p_z)。经过平移之后其位置变换到 Q 点，其坐标变为 (q_x, q_y, q_z)。那么变换前后两坐标之间的关系为

$$\begin{cases} q_x = p_x + \Delta x \\ q_y = p_y + \Delta y \\ q_z = p_z + \Delta z \end{cases}$$

式中，由图 3-5 可得 Δz 为负值。

接下来，我们用齐次方程来描述空间中物体平移运动的过程：

$$\begin{bmatrix} q_x \\ q_y \\ q_z \\ 1 \end{bmatrix} = \begin{bmatrix} 1 & 0 & 0 & \Delta x \\ 0 & 1 & 0 & \Delta y \\ 0 & 0 & 1 & \Delta z \\ 0 & 0 & 0 & 1 \end{bmatrix} \cdot \begin{bmatrix} p_x \\ p_y \\ p_z \\ 1 \end{bmatrix}$$

可知平移变换只改变点的位置，并没有改变点的姿态。我们将 P 点坐标的左乘矩阵作为 P 点的平移算子，可以用 $\text{Trans}(\Delta x, \Delta y, \Delta z)$ 来简单表示这个平移算子，即

$$\text{Trans}(\Delta x, \Delta y, \Delta z) \begin{bmatrix} 1 & 0 & 0 & \Delta x \\ 0 & 1 & 0 & \Delta y \\ 0 & 0 & 1 & \Delta z \\ 0 & 0 & 0 & 1 \end{bmatrix}$$

2. 旋转的齐次变换

旋转需要旋转中心，这个旋转中心可以是一个点，也可以是一条轴。由于后续主要针对关节型机器人做分析，所以此处我们主要讲述点在空间直角坐标系中绕坐标轴的旋转变换。

如图 3-6 所示，点 P 在静系 $O-XYZ$ 中绕其 X 轴旋转了角度 θ，跟随动系旋转至 $O'-X'Y'Z'$ 中 P' 的位置。其中 X 轴与 X' 轴是重合的，此时空间中 Y 轴与 Y' 轴、Z 轴与 Z' 轴的夹角均为 θ。点 P' 在静系和动系中的坐标可以分别表示为 (p_x, p_y, p_z) 和 (p'_x, p'_y, p'_z)。这两个坐标之间的关系为

$$\begin{cases} p_x = p'_x \\ p_y = p'_y \cos\theta - p'_z \sin\theta \\ p_z = p'_y \sin\theta + p'_z \cos\theta \end{cases}$$

在此我们用齐次矩阵来描述其旋转过程，可以展现为

$$\begin{bmatrix} p_x \\ p_y \\ p_z \\ 1 \end{bmatrix} = \begin{bmatrix} 1 & 0 & 0 & 0 \\ 0 & \cos\theta & -\sin\theta & 0 \\ 0 & \sin\theta & \cos\theta & 0 \\ 0 & 0 & 0 & 1 \end{bmatrix} \cdot \begin{bmatrix} p'_x \\ p'_y \\ p'_z \\ 1 \end{bmatrix}$$

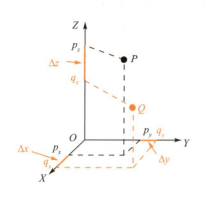

图 3-5 点的平移　　　　　图 3-6 旋转变换

我们将点坐标的左乘矩阵作为点的旋转算子，可以用来简单表示这个旋转算子，即

$$\mathrm{Rot}(x,\theta) = \begin{bmatrix} 1 & 0 & 0 & 0 \\ 0 & \cos\theta & -\sin\theta & 0 \\ 0 & \sin\theta & \cos\theta & 0 \\ 0 & 0 & 0 & 1 \end{bmatrix}$$

同理，若 P 点在静系 $O-XYZ$ 中绕其 Y 轴旋转了 θ，此时的旋转算子为

$$\mathrm{Rot}(y,\theta) = \begin{bmatrix} \cos\theta & 0 & \sin\theta & 0 \\ 0 & 1 & 0 & 0 \\ -\sin\theta & 0 & \cos\theta & 0 \\ 0 & 0 & 0 & 1 \end{bmatrix}$$

若 P 点在静系 $O-XYZ$ 中绕其 Z 轴旋转了 θ，此时的旋转算子为

$$\mathrm{Rot}(z,\theta) = \begin{bmatrix} \cos\theta & -\sin\theta & 0 & 0 \\ \sin\theta & \cos\theta & 0 & 0 \\ 0 & 0 & 1 & 0 \\ 0 & 0 & 0 & 1 \end{bmatrix}$$

3. 复合变换

平移变换和旋转变换集中在一个位姿变换中时，我们就称其为复合变换。也可以用齐次矩阵来表示这个复合变换。

（1）算子的左乘与右乘

针对不同的平移变换和旋转变换，只需要在变换对象的位姿矩阵中与相应的算子相乘即可。在这里算子有左乘和右乘之分，若变换对象相对于固定坐标系（也就是静系）进行变换，则算子左乘；若变换对象相对于动坐标系（也就是动系）进行变换，则算子右乘。由于矩阵乘法不能交换，所以其计算顺序非常重要。若相对于某一坐标系连续进行变换运动，则相应的算子依次进行左乘（或右乘），顺序不能改变。

如图3-7所示，一个连杆的位姿矩阵为 G_0，若它绕 Z 轴旋转 $+90°$，然后再绕 X 轴旋转 $60°$，则连杆到达 G_1；若连杆不动，仅绕其自身的 X' 轴旋转 $+90°$，然后再绕其 Z' 轴旋转 $60°$，则连杆到达 G_2。那么变换后连杆的位姿矩阵 G_1 和 G_2 可以分别表示为

$$G_1 = \text{Rot}(X,60°) \cdot \text{Rot}(Z,90°) \cdot G_0$$

$$G_2 = G_0 \cdot \text{Rot}(X',90°) \cdot \text{Rot}(Z',60°)$$

（2）复合变换示例

如图3-8所示，在坐标系中点 P 的位置矢量是 $\boldsymbol{P} = [3\ 0\ 0\ 1]^T$，将 P 点绕固定坐标系 $O-XYZ$ 的 Y 轴旋转 $-90°$（P_1），再绕 X 轴旋转 $90°$（P_2），然后再作 $\boldsymbol{i}+2\boldsymbol{j}+3\boldsymbol{k}$ 的平移至 P_3 点，则最后 P_3 的位置矢量可以做如下表达：

$$\boldsymbol{P}_3 = \text{Trans}(1,2,3) \cdot \text{Rot}(X,90°) \cdot \text{Rot}(Y,-90°) \cdot \boldsymbol{P}$$

$$= \begin{bmatrix} 1 & 0 & 0 & 1 \\ 0 & 1 & 0 & 2 \\ 0 & 0 & 1 & 3 \\ 0 & 0 & 0 & 1 \end{bmatrix} \cdot \begin{bmatrix} 1 & 0 & 0 & 0 \\ 0 & 0 & -1 & 0 \\ 0 & 1 & 0 & 0 \\ 0 & 0 & 0 & 1 \end{bmatrix} \cdot \begin{bmatrix} 0 & 0 & -1 & 0 \\ 0 & 1 & 0 & 0 \\ 1 & 0 & 0 & 0 \\ 0 & 0 & 0 & 1 \end{bmatrix} \cdot \begin{bmatrix} 3 \\ 0 \\ 0 \\ 1 \end{bmatrix} = \begin{bmatrix} 1 & 0 & -1 & 1 \\ -1 & 0 & 0 & 2 \\ 0 & 1 & 0 & 3 \\ 0 & 0 & 0 & 1 \end{bmatrix} \cdot \begin{bmatrix} 3 \\ 0 \\ 0 \\ 1 \end{bmatrix} = \begin{bmatrix} 1 \\ -1 \\ 3 \\ 1 \end{bmatrix}$$

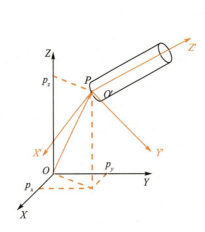

图3-7 连杆初始姿态

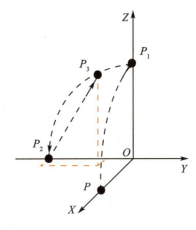

图3-8 复合变换

在 P_3 的位置矢量表达式中，$\begin{bmatrix} 0 & 0 & -1 & 1 \\ -1 & 0 & 0 & 2 \\ 0 & 1 & 0 & 3 \\ 0 & 0 & 0 & 1 \end{bmatrix}$ 为点 P 平移加旋转的复合变换矩阵。

3.1.3 机器人的位姿分析

1. 机器人末端执行器的位姿

机器人末端执行器（后简称"执行器"）的位姿直接影响机器人作业的功用，机器

人位姿的分析可以说，就是通过各个连杆的相互位姿关系来推导执行器的位姿。执行器的位置和姿态也可以用固连于执行器的坐标系 $O'-X'Y'Z'$ 的位姿来表示。

图3-9所示为机器人末端夹爪执行器在空间中的位姿表示。其中 O' 的位置在夹爪执行器的中心点，在平行于连接法兰中轴线的方向定义为 Z' 轴，方向指向机器人外侧；两夹爪之间的连线为 Y' 轴，方向可以自由指定。X' 轴是根据 $Y'Z'$ 的既定位置，并按照右手定则来确定方向的。当固连坐标系确定后，n、o、a 分别为 X'、Y'、Z' 轴上的单位矢量，其中 a 为接近矢量，o 为姿态矢量，n 为法向矢量。

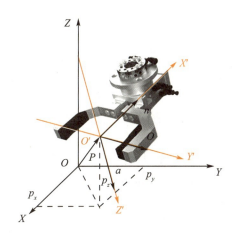

图3-9 机器人末端执行器位姿

执行器的位置矢量可以由图3-9中所示的矢量 P 来表示，姿态的方向矢量可以用 n、o、a 来表示。所以执行器的位姿矩阵可表示为

$$T=[\begin{matrix}n & o & a & P\end{matrix}]=\begin{bmatrix} n_x & o_x & a_x & p_x \\ n_y & o_y & a_y & p_y \\ n_z & o_z & a_z & p_z \\ 0 & 0 & 0 & 1 \end{bmatrix}$$

2. 机器人的连杆表示

机器人可以看作由一系列关节连接起来的连杆，这些关节有移动副和转动副两种。为了方便对机器人这种多连杆机构的运动形式进行描述，可以对从机器人机座开始直到机器人的末端执行器的每个关节以及每个连杆依次进行编号。

如图3-10所示，可将机座编号为连杆0，与机座相连的连杆编号为连杆1，然后依次类推。连杆0与连杆1之间的连接关节我们定义为关节1，连杆1与连杆2之间的连接关节定义为关节2，然后依次类推。

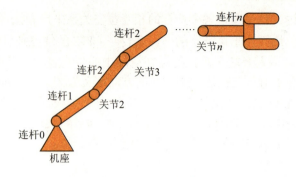

图 3-10 机器人连杆与关节编号

各连杆的坐标系 Z 轴方向均与关节的轴线重合，如果此关节为移动副，那么 Z 轴方向就与关节的移动方向重合。关于坐标系的建立，如图 3-11 所示，各连杆的固连坐标系可以分为两种模式，即前置模式和后置模式。前置模式的坐标系建立在连杆的上一关节（图 3-11（a）），后置模式的坐标系建立在连杆的下一关节（图 3-11（b））。

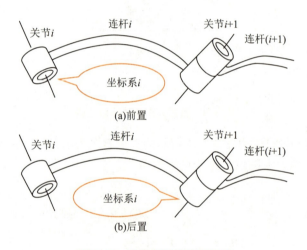

图 3-11 建立连杆关节坐标系

3. 连杆坐标系的方位确定

在机器人连杆、关节建立完毕的情况下，就可以对坐标系进行分配。此处我们提供两种方法用于确定各坐标系的方位。一般情况下，对于坐标系的各坐标轴并不一定要按照特殊规定去分配，只需要保证后一坐标系向前一坐标系变换时按照齐次方程的变换来进行即可。当希望运算符号简化或简化编程难度时（很多机器人运动学问题都采用诸如 Matlab、Mathematica 等软件进行计算），齐次变换是一个好的选择。但是，由于它引入了大量含有 0 和 1 的附加乘法运算，所以它并不是一种高效率的计算方式。

第二种方法就是 D-H 法。这是 1955 年由 Denavit 和 Hartenberg 提出的矩阵方法，可以用于任何构型的机器人。它用特殊的规则严格定义了每个坐标系的坐标轴，并对连杆和关节定义了 4 个参数，其中两个参数用于描述连杆本身，另外两个参数用于描述连杆之间的连接关系，这 4 个运动学参数又叫 D-H 参数。

图 3-12 所示为机器人转动关节的连杆 D-H 坐标系。杆件 i 的坐标系的 z_i 轴位于杆件 i 与杆件 $i+1$ 的转动关节轴线上；杆件 i 的两端轴线的公垂线为连杆坐标系的 x_i 轴，方向指向连杆 $i+1$；公垂线与 z_i 轴的交点为坐标原点；坐标系中，y_i 轴由 x_i 轴和 z_i 轴根据右手法则确定。至此杆件 i 的坐标系就确定了。其他杆件的坐标系可以参照此方式进行构建。

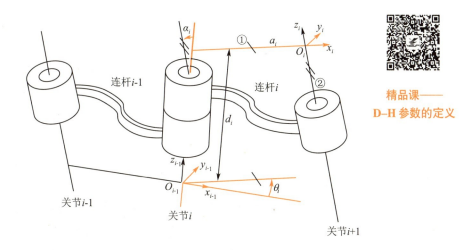

精品课——
D-H 参数的定义

图 3-12 转动关节连杆的 D-H 坐标系

对于转动关节连杆的 D-H 参数是如下进行定义的。其中，a_i 和 α_i 用来描述连杆本身的外形参数；d_i 和 θ_i 用来描述相邻连杆之间的位置参数。

a_i 是沿着 x_i 方向从 z_i 到 z_{i+1} 平移的距离，也可认为是连杆 i 的长度（关节轴线 i 和关节轴线 $i+1$ 公法线之间的长度）。

α_i 是绕着 x_i 方向从 z_i 到 z_{i+1} 转过的角度，也称为连杆 i 的扭转角（关节轴线 i 和关节轴线 $i+1$ 的夹角，从轴线 i 指向轴线 $i+1$）。如果关节轴线 i 和关节轴线 $i+1$ 相交，则可认为 $a_i=0$；如果平行，则可认为 $\alpha_i=0$。

d_i 是沿着 z_i 方向从 x_{i-1} 到 x_i 平移的距离，也称为连杆 i 相对于连杆 $i-1$ 的偏距，表示关节 i 上的两条公法线 a_i 与 a_{i-1} 之间的距离。

θ_i 是绕着 z_i 方向从 x_{i-1} 到 x_i 转过的角度，也称为关节角，是连杆 i 相对于连杆 $i-1$ 绕轴线 i 的旋转角度。

图 3-13 是对于平动关节连杆的 D-H 坐标系。对于这种平动关节而言，该坐标系原点与下一个规定的连杆原点重合，即当关节 i 轴线与 $i+1$ 轴线相交时取交点；异面时取两轴线公垂线与关节 i 轴的交点；平行时取关节 $i+1$ 与 $i+2$ 轴线公垂线与关节 $i+1$ 轴线的交点。其 z_i 轴在关节 $i+1$ 的轴线上，x_i 轴同时垂直于平动方向和 z 轴，y_i 轴按照右手法则来确定。

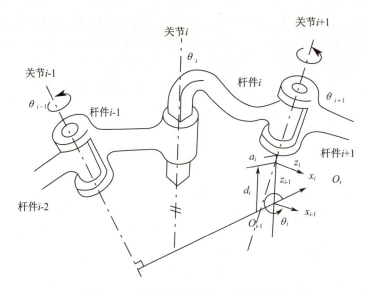

图 3–13　平动关节连杆的 D–H 坐标系

可以看到，对于平动关节，长度 a_i 是没有意义的，可以令其为 0。

综上可以得出，对于转动关节，θ_i 是关节变量，其他三个参数固定不变；对于移动关节，d_i 是关节变量，其他三个参数固定不变。一般来讲，当 $d_i=0$ 时，定义平动关节的位置为 0。

4. 连杆坐标系的变换矩阵

我们先来明确连杆 n 坐标系变换成连杆 n-1 坐标系的齐次变换矩阵表达形式，它可以用一个带有上下标的字符来表示，比如 A_n^{n-1} 即表示机器人后一关节 n 向前一关节 $n-1$ 的坐标齐次变换矩阵。当然我们也可以把上标省略，即用 A_n 来表示。比如 A_3^2（A_3）即可表示 3 号连杆的 3 号坐标系相对于 2 号坐标系的齐次变换矩阵。

连杆坐标系的方位确定以后，就可以按照相对应的步骤建立相邻的两个连杆之间的相对关系。我们先以转动连杆 D–H 坐标的变换为例，令连杆 i 先绕 z_{i-1} 轴旋转 θ_i 角度，再沿着 z_{i-1} 轴移动 d_i 距离，沿 x_i 轴移动 a_i 距离，最后再绕 x_i 轴旋转 α_i 角度。针对上述变换遵循"从左向右"的原则，可以写出连杆 i 到连杆 i-1 坐标系间的齐次变换矩阵。

$$A_i = \mathrm{Rot}(z_{i-1},\theta_i)\cdot \mathrm{Trans}(0,0,d_i)\cdot \mathrm{Trans}(a_i,0,0)\cdot \mathrm{Rot}(x_i,\alpha_i)$$

$$=\begin{bmatrix}\cos\theta_i & -\sin\theta_i & 0 & 0\\ \sin\theta_i & \cos\theta_i & 0 & 0\\ 0 & 0 & 1 & 0\\ 0 & 0 & 0 & 1\end{bmatrix}\cdot\begin{bmatrix}1 & 0 & 0 & 0\\ 0 & 1 & 0 & 0\\ 0 & 0 & 1 & d_i\\ 0 & 0 & 0 & 1\end{bmatrix}\cdot\begin{bmatrix}1 & 0 & 0 & a_i\\ 0 & 1 & 0 & 0\\ 0 & 0 & 1 & 0\\ 0 & 0 & 0 & 1\end{bmatrix}\cdot\begin{bmatrix}1 & 0 & 0 & 0\\ 0 & \cos\alpha_i & -\sin\alpha_i & 0\\ 0 & \sin\alpha_i & \cos\alpha_i & 0\\ 0 & 0 & 0 & 1\end{bmatrix}$$

$$= \begin{bmatrix} \cos\theta_i & -\sin\theta_i & 0 & a_i\cos\theta_i \\ \sin\theta_i & \cos\theta_i & 0 & a_i\sin\theta_i \\ 0 & 0 & 1 & d_i \\ 0 & 0 & 0 & 1 \end{bmatrix} \cdot \begin{bmatrix} 1 & 0 & 0 & 0 \\ 0 & \cos\alpha_i & -\sin\alpha_i & 0 \\ 0 & \sin\alpha_i & \cos\alpha_i & 0 \\ 0 & 0 & 0 & 1 \end{bmatrix}$$

$$= \begin{bmatrix} \cos\theta_i & -\sin\theta_i\cos\alpha_i & \sin\theta_i\sin\alpha_i & a_i\cos\theta_i \\ \sin\theta_i & \cos\theta_i\cos\alpha_i & -\cos\theta_i\sin\alpha_i & a_i\sin\theta_i \\ 0 & \sin\alpha_i & \cos\alpha_i & d_i \\ 0 & 0 & 0 & 1 \end{bmatrix}$$

同理我们可以得到平动关节的齐次变换矩阵为

$$A_i = \begin{bmatrix} \cos\theta_i & -\sin\theta_i\cos\alpha_i & \sin\theta_i\sin\alpha_i & 0 \\ \sin\theta_i & \cos\theta_i\cos\alpha_i & -\cos\theta_i\sin\alpha_i & 0 \\ 0 & \sin\alpha_i & \cos\alpha_i & d_i \\ 0 & 0 & 0 & 1 \end{bmatrix}$$

对于一个安装完毕的机器人而言,移动副关节的连杆距离 d_i、连杆长度 a_i 以及连杆扭角 α_i 都是不可变量,唯一可变的就是连杆夹角 θ_i。

3.1.4　正向运动学

正向运动学（direct kinematics,简称 DK）问题是机器人运动学研究中的一个典型问题。所谓正向运动学问题,是指给出关节的位置、速度、加速度,求各个杆件的位置、姿态、速度、加速度、角速度、角加速度的问题,特别是求终端杆件（即末端执行器）的位置、姿态、速度、角速度的问题。其中末端执行器的位置和姿态是一个静态的几何问题。具体来讲就是只要给定一组关节角（或平动位移）的值,就可以计算末端执行器坐标系相对于基坐标系的位置和姿态,即如果每个连杆的姿态是确定的,那么末端执行器的位姿就是确定的。

由 3.1.3 可知,连杆坐标系之间的变换矩阵可以用 A_i 来表示。用 A_1 来描述第一个连杆相对于机座的位姿,用 A_2 来描述第二个连杆相对于第一个连杆的位姿,依次类推,最终机器人末端执行器对于机座的齐次变换矩阵可以表示为

$$A_1 A_2 A_3 \cdots A_i \cdots$$

对于一个六连杆机器人,机器人末端执行器坐标系的坐标相对于连杆 $i-1$ 坐标系的齐次变换矩阵用 $^{i-1}T_6$ 来表示。那么末端执行器相对于机座的齐次变换矩阵就可以表示为

$$^0T_6 = A_1 A_2 A_3 \cdots A_6$$

接下来我们以常见的六轴串联工业机器人 Unimation PUMA560 为例,来进行正向运动学分析。图 3–14 所示为该类型机器人的结构简图以及 D–H 坐标系,通过简化及拆解,我们可以将机器人的 D–H 参数进行整理,具体见表 3–1。

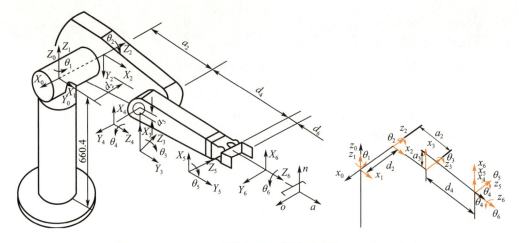

图 3–14 PUMA560 型机器人的结构简图及 D–H 坐标系

表 3–1 PUMA560 型机器人连杆 D–H 参数

连杆 i	变量 θ_i	a_{i-1}	α_{i-1}	d_i	变量范围
1	θ_1	0	0	0	−160°~160°
2	θ_2	0	$-\pi/2$	d_2	−225°~45°
3	θ_3	a_2	0	0	−45°~225°
4	θ_4	a_3	$-\pi/2$	d_4	−110°~170°
5	θ_5	0	$\pi/2$	0	−100°~100°
6	θ_6	0	$-\pi/2$	0	−266°~266°

根据机器人的连杆 D–H 参数，我们将机器人各连杆的齐次变换矩阵 A_i 整理如下。

$$A_1 = \begin{bmatrix} \cos\theta_1 & -\sin\theta_1\cos 0 & \sin\theta_1\sin 0 & 0\cos\theta_i \\ \sin\theta_1 & \cos\theta_1\cos 0 & -\cos\theta_1\sin 0 & 0\sin\theta_i \\ 0 & \sin 0 & \cos 0 & 0 \\ 0 & 0 & 0 & 1 \end{bmatrix} = \begin{bmatrix} \cos\theta_1 & -\sin\theta_1 & 0 & 0 \\ \sin\theta_1 & \cos\theta_1 & 0 & 0 \\ 0 & 0 & 1 & 0 \\ 0 & 0 & 0 & 1 \end{bmatrix}$$

同理可得

$$A_2 = \begin{bmatrix} \cos\theta_2 & -\sin\theta_2 & 0 & 0 \\ 0 & 0 & 1 & d_2 \\ -\sin\theta_2 & -\cos\theta_2 & 0 & 0 \\ 0 & 0 & 0 & 1 \end{bmatrix}$$

$$A_3 = \begin{bmatrix} \cos\theta_1 & -\sin\theta_1 & 0 & a_2 \\ \sin\theta_1 & \cos\theta_1 & 0 & 0 \\ 0 & 0 & 1 & 0 \\ 0 & 0 & 0 & 1 \end{bmatrix}; \quad A_4 = \begin{bmatrix} \cos\theta_4 & -\sin\theta_4 & 0 & a_3 \\ 0 & 0 & 1 & d_4 \\ -\sin\theta_4 & -\cos\theta_4 & 0 & 0 \\ 0 & 0 & 0 & 1 \end{bmatrix}$$

$$A_5 = \begin{bmatrix} \cos\theta_5 & -\sin\theta_5 & 0 & 0 \\ 0 & 0 & -1 & 0 \\ \sin\theta_5 & \cos\theta_5 & 0 & 0 \\ 0 & 0 & 0 & 1 \end{bmatrix}; \quad A_6 = \begin{bmatrix} \cos\theta_6 & -\sin\theta_6 & 0 & 0 \\ 0 & 0 & 1 & 0 \\ -\sin\theta_6 & -\cos\theta_6 & 0 & 0 \\ 0 & 0 & 0 & 1 \end{bmatrix}$$

此时我们根据机器人的齐次变换矩阵来表达末端执行器的位姿（由 3.1.3 节可知），即

$$^0T_6 = A_1 A_2 A_3 \cdots A_6 = \begin{bmatrix} n_x & o_x & a_x & p_x \\ n_y & o_y & a_y & p_y \\ n_z & o_z & a_z & p_z \\ 0 & 0 & 0 & 1 \end{bmatrix}$$

换而言之，我们只需要得到各连杆的夹角参数 θ_i，就能确定机器人末端执行器的位姿了。本式中：

$$n_x = c_1\left[c_{23}\left(c_4 c_5 c_6 - s_4 s_6\right) - s_{23} s_5 c_5\right] + s_1\left(s_4 c_5 c_6 + c_4 s_6\right)$$

$$n_y = s_1\left[c_{23}\left(c_4 c_5 c_6 - s_4 s_6\right) - s_{23} s_5 c_6\right] + c_1\left(s_4 c_5 c_6 + c_4 s_6\right)$$

$$n_z = -s_{23}\left(c_4 c_5 c_6 - s_4 s_6\right) - c_{23} s_5 c_6$$

$$o_x = c_1\left[c_{23}\left(-c_4 c_5 s_6 - s_4 c_6\right) - s_{23} s_5 s_6\right] + s_1\left(c_4 c_6 - s_4 c_5 s_6\right)$$

$$o_y = s_1\left[c_{23}\left(-c_4 c_5 s_6 - s_4 c_6\right) - s_{23} s_5 s_6\right] - c_1\left(c_4 c_6 - s_4 c_5 s_6\right)$$

$$o_z = -s_{23}\left(-c_4 c_5 s_6 - s_4 c_6\right) + c_{23} s_5 s_6$$

$$a_x = -c_1\left(c_{23} c_4 s_5 - s_{23} c_5\right) - s_1 s_4 s_5$$

$$a_y = -s_1\left(c_{23} c_4 s_5 - s_{23} c_5\right) + c_1 s_4 s_5$$

$$a_z = s_{23} c_4 s_5 - c_{23} c_5$$

$$p_x = c_1\left(a_2 c_2 + a_3 c_{23} - d_4 s_{23}\right) + d_3 s_1$$

$$p_y = c_1\left(a_2 c_2 + a_3 c_{23} - d_4 s_{23}\right) + d_3 c_1$$

$$p_z = -a_3 s_{23} - a_2 s_2 - d_4 c_{23}$$

在这个结果表达式中，部分字符代表以下含义。

$$s_1 = \sin\theta_1;$$

$$c_{23} = \cos(\theta_2 + \theta_3); \quad s_{23} = \sin(\theta_2 + \theta_3)$$

3.1.5 逆向运动学

如果说正向运动学问题是指已知各个关节和连杆的参数和运动变量,求解末端执行器(手部)的位姿,那么逆向运动学问题就是在已知末端执行器(手部)要到达的目标位姿的情况下,求解各个关节的运动变量。

在搭建机器人运动控制系统的过程中,并不是单单编写机器人末端控制器的运动轨迹算法就可以了,而是需要单独控制每一个伺服电机的转动角度,进而控制相邻两个连杆之间的夹角,然后再通过机器人连杆的齐次变换矩阵得到末端控制器的位姿矩阵。但是在实际应用中,并不是通过电机转角来找末端控制器的位姿,而是通过想要的末端控制器位姿来找到各关节的角度,进而再确定电机的转角。那么在确定机器人末端的目标位置和姿态后,通过逆运算获得机器人各个关节的关节变量的过程,就是逆向运动学的主要内容。

"条条大路通罗马"。在机器人末端执行器的目标位姿确定时,各关节变量并不能被确定。如图3-15所示为一个具有三个转动副的平面连杆机构,当其末端连杆姿态确定时,就有两组连杆夹角位置满足要求。

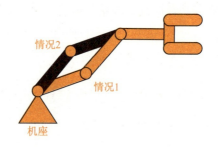

图3-15 具有三个转动副的平面连杆机构

一般而言,逆向运动学问题较为复杂,原因如下:
(1)要求解的方程通常是非线性的,因此并非总能找到一个闭合形式的解;
(2)可能存在多解;
(3)可能存在无穷多解;
(4)可能不存在可行解。

在这里要注意,造成机器人运动学具有多个逆解的原因就是解反三角函数方程的多解情况。比如

$$\sin\theta = \frac{1}{2}$$

得
$$\theta_1 = 30°;\quad \theta_2 = 150°$$

如果机器人某关节的角度允许成30°或者150°,那么这两个角度对于机器人而言都是可行解。然而对于一个真实的机器人而言,只有一组解与实际情况对应,为此必须对当前解的情况做出判断以求得合适的解。通常剔除多余解可以从以下几个方面来做处理:
(1)根据关节运动空间来选择合适的解;
(2)选择最为接近的解;

(3)根据避障要求选择合适的解；

(4)逐级剔除多余解。

在对逆运动进行求解时，可以通过对下列方程式进行一一对应相等，即可得到 12 个方程式，即关于 n_x、n_y……p_y、p_z 这 12 个元素的方程组。然而我们并不能像解决多元方程组一样对这 12 个方程联立求解，而是要用一系列变换矩阵的逆矩阵 A_i^{-1} 左乘，然后找出右端为常数的元素，并令这些元素与左端元素相等，这样就可以得出一个可以求解的三角函数方程。

$$^0T_6 = \begin{bmatrix} n_x & o_x & a_x & p_x \\ n_y & o_y & a_y & p_y \\ n_z & o_z & a_z & p_z \\ 0 & 0 & 0 & 1 \end{bmatrix} = A_1 A_2 A_3 \cdots A_6$$

接下来，以 PUMA560 型机器人为例，来探讨逆向运动学的具体求解过程。等号左侧的末端执行器位姿矩阵是已知的。在此仅以关节变量 θ_1 为例，展示关节变量的求解过程。

首先在上述方程式的两端均左乘 A_1^{-1} 式（即 A_1 的逆矩阵），可以得到

$$A_1^{-1}\, ^0T_6 = A_2 A_3 \cdots A_6 = {}^1T_6$$

$$= \begin{bmatrix} \cos\theta_1 & \sin\theta_1 & 0 & 0 \\ 0 & 0 & -1 & 0 \\ -\sin\theta_1 & \cos\theta_1 & 0 & 0 \\ 0 & 0 & 0 & 1 \end{bmatrix} \cdot \begin{bmatrix} n_x & o_x & a_x & p_x \\ n_y & o_y & a_y & p_y \\ n_z & o_z & a_z & p_z \\ 0 & 0 & 0 & 1 \end{bmatrix} = \begin{bmatrix} f_{11}(\boldsymbol{n}) & f_{11}(\boldsymbol{o}) & f_{11}(\boldsymbol{a}) & f_{11}(\boldsymbol{p}) \\ f_{12}(\boldsymbol{n}) & f_{12}(\boldsymbol{o}) & f_{12}(\boldsymbol{a}) & f_{12}(\boldsymbol{p}) \\ f_{13}(\boldsymbol{n}) & f_{13}(\boldsymbol{o}) & f_{13}(\boldsymbol{a}) & f_{13}(\boldsymbol{p}) \\ 0 & 0 & 0 & 1 \end{bmatrix}$$

在上述矩阵中，各元素对应的取值形式如下：

$$\begin{cases} f_{11}(\boldsymbol{i}) = \cos\theta_1 \cdot i_x + \sin\theta_1 \cdot i_y \\ f_{12}(\boldsymbol{i}) = -i_z \\ f_{13}(\boldsymbol{i}) = -\sin\theta_1 \cdot i_x + \cos\theta_1 \cdot i_y \end{cases}$$

然后将第 3 行第 4 列的元素对应起来，可以得到

$$f_{13}(p) = d_2 = -\sin\theta_1 \cdot p_x + \cos\theta_1 \cdot p_y$$

在此利用极坐标 $p_x = \rho\cos\delta$，$p_y = \rho\sin\delta$（其中 $\rho = \sqrt{p_x^2 + p_y^2}$，$\delta = \arctan2(p_x + p_y)$）进行替换，可得

$$\sin(\delta - \theta_1) = \frac{d_2}{p}, \quad \cos(\delta - \theta_1) = \pm\sqrt{1 - \left(\frac{d_2}{p}\right)^2}$$

$$\delta - \theta_1 = \arctan2\left[\frac{d_2}{p}, \pm\sqrt{1 - \left(\frac{d_2}{p}\right)^2}\right]$$

$$\theta_1 = \arctan2(p_y,\ p_x)a - \arctan2\left(d_2, \pm\sqrt{p_x + p_y - d_2^2}\right)$$

在 θ_1 的解析式中，正、负号对应的两个解就是 θ_1 的两个可行解。

按照上述运算方式，可以将各个关节变量 θ_i 表示出来。如下：

$\theta_3 = \arctan 2(a_3, d_4) - \arctan 2\left(k, \pm\sqrt{a_3^2 + d_4^2 - k^2}\right)$

$\theta_2 = \arctan 2[-(a_3 + a_2\cos\theta_3)p_z + (\cos\theta_1 p_x + \sin\theta_1 p_y)(a_2\sin\theta_3 - d_4), (-d_4 + a_2\sin\theta_3)p_z + (\cos\theta_1 p_x + \sin\theta_1 p_y)(a_3 + a_2\cos\theta_3)] - \theta_3$

$\theta_4 = \arctan 2(-\sin\theta_1 a_x + \cos\theta_1 a_y, -\cos\theta_1 C_{23} a_x - \sin\theta_1 C_{23} a_y + S_{23} a_z)$

$\theta_5 = \arctan 2[(\cos\theta_1 C_{23}\cos\theta_4 + \sin\theta_1 \sin\theta_4)a_x + (\sin\theta_1 C_{23}\cos\theta_4 - \cos\theta_1 \sin\theta_4)a_y - S_{23}\cos\theta_4 a_z,\ \cos\theta_1 S_{23} a_x + \sin\theta_1 S_{23} a_y + C_{23} a_z]$

$\theta_6 = \arctan 2\{-(\cos\theta_1 C_{23}\cos\theta_4 - \sin\theta_1 \sin\theta_4)n_x - (\sin\theta_1 C_{23}\cos\theta_4 + \cos\theta_1 \cos\theta_4)n_y + S_{23}\sin\theta_4 n_z,\ [(\cos\theta_1 C_{23}\cos\theta_4 - \sin\theta_1 \sin\theta_4)\cos\theta_5 - \cos\theta_1 S_{23}\sin\theta_5]n_x + [(\sin\theta_1 C_{23}\cos\theta_4 - \cos\theta_1 \sin\theta_4)\cos\theta_5 - \sin\theta_1 S_{23}\sin\theta_5]n_y + x(S_{23}\cos\theta_4\cos\theta_5 + C_{23}\sin\theta_4)n_z\}$

综上所述，各个关节变量就可以由末端执行器位姿和机器人的连杆结构尺寸共同表达出来。也可以看得出，机器人的运动学逆解具有多解的情况，由于受机器人结构的限制，如关节角度的范围，有些解并不能满足条件。在多解中应选取其中一组最优解。

3.2 工业机器人静力学和力雅可比矩阵

机器人的运动学除了静态定位问题之外，还包括运动中的机器人的速度、加速度等因素。这就需要特殊的工具来帮助分析工业机器人的运动情况。在这里雅可比矩阵就可以比较方便快捷地进行机构的速度分析。雅可比矩阵定义了从关节空间速度向笛卡儿空间速度的映射关系，而这种映射关系也随着机器人位姿的变化而变化。我们先来了解什么是雅可比矩阵。

3.2.1 工业机器人雅可比矩阵

1. 雅可比矩阵

机器人雅可比矩阵，揭示了操作空间与关节空间的映射关系，它不仅可以表示操作空间与关节空间的速度映射关系，也表示二者之间力的传递关系，为确定机器人的静态关节力矩以及不同坐标系之间速度、加速度和静力的变换提供了便捷的方法。机器人雅可比矩阵可以定义为操作速度与关节速度之间的线形变换。

从数学角度而言，雅可比矩阵属于微分运动学的范畴，是多元形式的导数。机器人的运动方程为

$$x = x(q)$$

代表机器人操作空间与关节空间之间的位移关系。上式等号两边对时间 t 进行求导之后，

既可以得出 q 与 x 之间的微分关系，即
$$\dot{x} = J(q)\dot{q}$$

式中　$\dot{x}$——工业机器人末端执行器的操作速度；

　　　$\dot{q}$——关节速度；

　　　$J(q)$——$6 \times n$ 的偏导数矩阵，即为机器人的雅可比矩阵，它的第 i 行、第 j 列元素为

$$J_{ij}(q) = \frac{\partial x_i(q)}{\partial q_i}(i = 1, 2, \cdots, 6; j = 1, 2, \cdots, n)$$

在此仅以平面两连杆机构为例对雅可比矩阵进行说明，图 3-16 所示为二自由度平面关节型机器人。

此时端点的位置坐标为 (x, y)，该坐标与两个关节变量角度 θ_1、θ_2 的关系为

$$\begin{cases} x = l_1\cos\theta_1 + l_2\cos(\theta_1 + \theta_2) \\ y = l_1\sin\theta_1 + l_2\sin(\theta_1 + \theta_2) \end{cases}$$

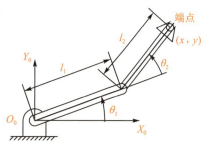

图 3-16　二自由度平面关节机器人

为方便后续微分形式的表达，可以将上述式子表示为

$$\begin{cases} x = x(\theta_1, \theta_2) \\ y = y(\theta_1, \theta_2) \end{cases}$$

将该式进行微分可得

$$\begin{cases} \delta x = \dfrac{\partial x}{\partial \theta_1}\delta\theta_1 + \dfrac{\partial x}{\partial \theta_2}\delta\theta_2 \\ \delta y = \dfrac{\partial y}{\partial \theta_1}\delta\theta_1 + \dfrac{\partial y}{\partial \theta_2}\delta\theta_2 \end{cases}$$

将上述式子表示为矩阵形式，即

$$\begin{bmatrix} \delta x \\ \delta y \end{bmatrix} = \begin{bmatrix} \dfrac{\partial x}{\partial \theta_1} & \dfrac{\partial x}{\partial \theta_2} \\ \dfrac{\partial y}{\partial \theta_1} & \dfrac{\partial y}{\partial \theta_2} \end{bmatrix} \begin{bmatrix} \delta\theta_1 \\ \delta\theta_2 \end{bmatrix}$$

令

$$J = \begin{bmatrix} \dfrac{\partial x}{\partial \theta_1} & \dfrac{\partial x}{\partial \theta_2} \\ \dfrac{\partial y}{\partial \theta_1} & \dfrac{\partial y}{\partial \theta_2} \end{bmatrix}$$

于是矩阵形式又可以简写为

$$\delta X = J\delta\theta$$

式中，$\delta X = \begin{bmatrix} \delta x \\ \delta y \end{bmatrix}$，$\delta\theta = \begin{bmatrix} \delta\theta_1 \\ \delta\theta_2 \end{bmatrix}$。

我们将 J 称为描述图 3-16 所示的平面连杆的速度雅可比矩阵，它反映了关节空间微小运动 $\delta\theta$ 与手部作业空间微小位移 δX 之间的关系。经过微分计算，可以得二自由度机器人的速度雅可比矩阵为

$$J = \begin{bmatrix} -l_1\sin\theta_1 - l_2\sin(\theta_1+\theta_2) & -l_2\sin(\theta_1+\theta_2) \\ l_1\cos\theta_1 + l_2\cos(\theta_1+\theta_2) & l_2\cos(\theta_1+\theta_2) \end{bmatrix}$$

2. 机器人末端速度分析

在明确了机器人的雅可比矩阵的前提下，对 q 与 x 之间的微分矩阵表达式变形即可表达为

$$v = \dot{x} = J(q)\dot{q}$$

对于二自由度机器人而言，$J(q)$ 可以简写为 $[J_1 \ J_2]$，因此机器人端点速度又可以表示为

$$v = J_1\dot{\theta}_1 + J_2\dot{\theta}_2$$

式中　$J_1\dot{\theta}_1$——由第一个关节引起的端点速度；

$J_2\dot{\theta}_2$——仅由第二个关节引起的端点速度。

机器人总的端点速度为这两个速度矢量的合成。因此机器人速度雅可比矩阵的每一列都表示其他关节保持静止而某一关节运动所产生的端点速度。

我们按照这种形式表达二自由度端点的速度即可表示为

$$v = \begin{bmatrix} v_x \\ v_y \end{bmatrix} = \begin{bmatrix} -l_1\sin\theta_1 - l_2\sin(\theta_1+\theta_2) & -l_2\sin(\theta_1+\theta_2) \\ l_1\cos\theta_1 + l_2\cos(\theta_1+\theta_2) & l_2\cos(\theta_1+\theta_2) \end{bmatrix} \begin{bmatrix} \dot{\theta}_1 \\ \dot{\theta}_2 \end{bmatrix}$$

$$= \begin{bmatrix} -l_1\sin\theta_1 - l_2\sin(\theta_1+\theta_2)\dot{\theta}_1 & -l_2\sin(\theta_1+\theta_2)\dot{\theta}_2 \\ l_1\cos\theta_1 + l_2\cos(\theta_1+\theta_2)\dot{\theta}_1 & l_2\cos(\theta_1+\theta_2)\dot{\theta}_2 \end{bmatrix}$$

如果此时我们将关节速度表示为时间的函数，即 $\dot{\theta}_1 = f_1(t), \dot{\theta}_2 = f_2(t)$，将该函数式带入上述矩阵中即可求出某一时刻机器人末端的速度 $f(t)$，该速度也为机器人的瞬时速度。反之如果此时给定机器人的瞬时速度，根据矩阵的逆运算，也可以求出相应的关节速度，在此可以表示为

$$q = J^{-1}v$$

在此将 J^{-1} 称为工业机器人的逆速度雅可比矩阵。

3.2.2　工业机器人静力学问题求解

工业机器人在作业时，在末端执行器（手部）与外界接触时，会引起各个关节产生相应的作用力，同时各关节的驱动装置也会给关节提供力和力矩，通过连杆传递到末端执行器，克服外界的作用力或力矩。这些力和力矩统称为末端广义力矢量。

1. 机器人的力和力臂平衡

在此以机械臂中单个杆件为例进行受力分析，杆件 i 通过关节 i 和 $i+1$ 分别与杆件 $i-1$ 和杆件 $i+1$ 相连接，两个坐标系 $\{i-1\}$ 和 $\{i\}$ 分别如图 3–17 所示。

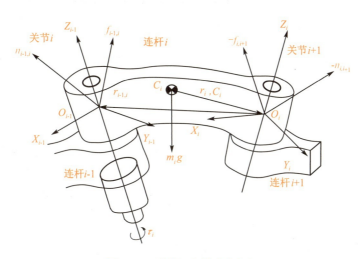

图 3–17　连杆 i 上的力和力矩

利用表 3–2 所示的方式进行变量定义，以 f 代表作用力，以 M 来表示杆件所受到的作用力矩。

表 3–2　连杆 i 上的力和力矩定义

定义变量	含义
$f_{i-1,i}$、$M_{i-1,i}$	连杆 $i-1$ 通过关节 i 作用在连杆 i 上的力和力矩
$f_{i,i+1}$、$M_{i,i+1}$	连杆 i 通过关节 $i+1$ 作用在连杆 $i+1$ 上的力和力矩
$-f_{i,i+1}$、$-M_{i,i+1}$	连杆 $i+1$ 通过关节 $i+1$ 作用在连杆 i 上的反作用力和反作用力矩
$f_{n,n+1}$、$M_{n,n+1}$	工业机器人末端执行器对外界环境的作用力和力矩
$-f_{n,n+1}$、$-M_{n,n+1}$	外界环境对工业机器人末端执行器的作用力和力矩
$f_{0,1}$、$M_{0,1}$	工业机器人机座对连杆 1 的作用力和力矩
$m_i g$	连杆 i 的质量，作用在质心 C_i 上
$r_{i-1,i}$	坐标系 $\{i\}$ 的原点相对于坐标系 $\{i-1\}$ 的位置矢量
r_{i,C_i}	质心相对于坐标系 $\{i\}$ 的位置矢量

连杆 i 的静力学平衡条件为其上所受的合力和合力矩为 0，因此力和力矩平衡方程式为

$$f_{i-1,i} + \left(-f_{i,i+1}\right) + m_i g = 0$$

$$M_{i-1,i} + (-M_{i,i+1}) + (r_{i-1,i} + r_{i,C_i})f_{i-1,i} + r_{i,C_i}(-f_{i,i+1}) = 0$$

根据以上两个方程式,如果已知外界环境对工业机器人最末端的作用力和力矩,那么可以由最后一个连杆向第 0 号连杆(机座)依次递推,从而计算出每个连杆上的受力情况。

2. 机器人力雅可比矩阵

工业机器人与外界接触时,末端执行器会对外界产生力 $f_{n,n+1}$ 和力矩 $M_{n,n+1}$,我们把它们统称为末端广义力 F,在此可以将 $f_{n,n+1}$ 和力矩 $M_{n,n+1}$ 合并写成一个 6 维矢量:

$$F = \begin{bmatrix} f_{n,n+1} \\ M_{n,n+1} \end{bmatrix}$$

例如,机器人提取重物时承受的外在作用力和力矩;末端执行器对被抓物体的作用力和力矩;多组步行机构与地面的作用力和力矩。在静止状态下,末端广义力应与各关节的驱动力(或力矩)相平衡,n 个关节的驱动力(或力矩)组成的 n 维矢量:

$$\tau = [\tau_1, \tau_2, \cdots, \tau_n]^T$$

称为关节力矢量,简称广义关节力矩。对于转动关节,τ_i 表示关节驱动力矩;对于移动关节,τ_i 表示关节驱动力。

我们可以通过虚功原理(作用于平衡机械系统的所有主动力在任何虚位移中所做虚功的和等于零)推导出广义关节力矩和末端广义力之间的关系。

图 3-18 所示的曲柄滑块机构中,假想曲柄在平衡位置上转过极小角度 $\delta\theta$,同时点 A 沿着 OA 杆转动的切线方向有极小位移 δ_A,点 B 沿着导轨方向有相应的极小位移 δ_B,由此我们可知所谓虚位移就是满足机械系统几何约束的无限小的假想的位移,所谓虚功就是力在虚位移上所做的功。

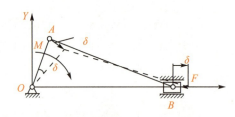

图 3-18 曲柄滑块机构中的虚位移

图 3-19 所示为简化了的机器人系统,假设其处于静止状态,各关节虚位移 δq_i 组成了关节虚位移矢量 δq,末端执行器的虚位移矢量为 δX,它由线虚位移矢量和角虚位移矢量组成。在此我们假定关节无摩擦,并忽略各杆件的中立,然后利用虚功原理来推导机器人末端执行器的端点力 F 与关节力矩 τ 的关系。

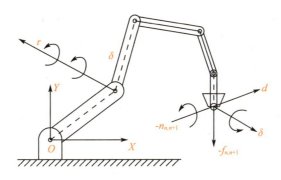

图 3-19 末端执行器及各关节的虚位移

首先执行器虚位移 δX 和关节虚位移 δq 可以表示为

$$\delta X = [\boldsymbol{d} \quad \boldsymbol{\delta}]^T$$

$$\delta q = [\delta q_1 \quad \delta q_2 \quad \cdots \quad \delta q_n]^T$$

式中，$\boldsymbol{d} = [d_X \quad d_Y \quad d_Z]^T$，$\delta q_i = [\delta \varphi_X \quad \delta \varphi_Y \quad \delta \varphi_Z]^T$，分别对应于末端执行器的线虚位移和角虚位移。

假设发生上述虚位移时，各关节力矩为 $\tau_i (i = 1, 2, \cdots, n)$，环境作用在机器人端部上的力和力矩分别为 $-f_{n,n+1}$ 和 $-M_{n,n+1}$。由虚功原理可得下式：

$$\delta W = \tau_1 \delta q_1 + \tau_2 \delta q_2 + \cdots + \tau_n \delta q_n - f_{n,n+1} d - M_{n,n+1} \delta$$

我们可以将它简化成

$$\delta W = \boldsymbol{\tau}^T \delta q - \boldsymbol{F}^T \delta X$$

根据虚位移原理，机器人处于平衡状态的充要条件是对任意符合几何约束的虚位移有 $\delta W = 0$，在此我们利用式 $\delta X = \boldsymbol{J} \delta q$，将上述简化式改写为

$$\delta W = \boldsymbol{\tau}^T \delta q - \boldsymbol{F}^T \boldsymbol{J} \delta q = (\boldsymbol{\tau} - \boldsymbol{J}^T \boldsymbol{F})^T \delta q$$

在该式中，δq 表示从几何结构上允许位移的关节独立变量。如果要保证 $\delta W = 0$，则必然满足：

$$\boldsymbol{\tau} = \boldsymbol{J}^T \boldsymbol{F} s$$

式中　$\boldsymbol{\tau}$——广义关节力矩；

　　　$\boldsymbol{F}$——工业机器人末端广义力；

　　　$\boldsymbol{J}^T$——工业机器人力雅可比矩阵，简称力雅可比。很明显，它等于工业机器人速度雅可比矩阵的转置。

3. 静力学问题求解

从末端广义力 $\boldsymbol{F}$ 与广义关节力矩 $\boldsymbol{\tau}$ 之间的关系式 $\boldsymbol{\tau} = \boldsymbol{J}^T \boldsymbol{F}$ 可知，工业机器人的静力学计算可分为两类问题。

第一类问题：已知外界环境对工业机器人的末端广义力 $\boldsymbol{F}$（末端广义力 $\boldsymbol{F} = -\boldsymbol{F}$），求相应的满足静力学平衡条件的关节驱动力矩 $\boldsymbol{\tau}$。

第二类问题：已知关节驱动力矩 τ，确定工业机器人末端执行器对外界环境的作用力 F 或可负载的质量。这类问题是第一类问题的逆解，即

$$F = (J^T)^{-1} \tau$$

但是，由于工业机器人的自由度可能不是 6，比如当 $n>6$ 时，力雅可比矩阵就不是一个 6×6 方阵，则 J^T 就没有逆解。所以，对这类问题的求解就困难得多，在一般情况下不一定能得到唯一的解，如果 F 的维数比 τ 的维数低，且 J 是满秩的话，则可以利用最小二乘法求得 F 的估值。如图 3–20 所示，我们以二自由度平面机器人为例，来展示静力学问题的求解过程。

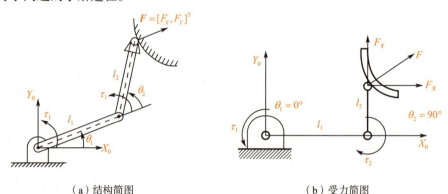

（a）结构简图　　　　　　　　（b）受力简图

图 3–20　机器人端点力和关节力矩

已知机器人端点所受端点力为 $F = [F_X, F_Y]^T$，在此我们依旧忽略摩擦，求两关节变量 θ_1、θ_2 下的关节力矩。

根据 3.2.2 节内容可知，二自由度机器人的速度雅可比矩阵为

$$J = \begin{bmatrix} -l_1\sin\theta_1 - l_2\sin(\theta_1+\theta_2) & -l_2\sin(\theta_1+\theta_2) \\ l_1\cos\theta_1 + l_2\cos(\theta_1+\theta_2) & l_2\cos(\theta_1+\theta_2) \end{bmatrix}$$

又因为力雅可比矩阵为速度雅可比矩阵的转置，因此有

$$J^T = \begin{bmatrix} -l_1\sin\theta_1 - l_2\sin(\theta_1+\theta_2) & l_1\cos\theta_1 + l_2\cos(\theta_1+\theta_2) \\ -l_2\sin(\theta_1+\theta_2) & l_2\cos(\theta_1+\theta_2) \end{bmatrix}$$

根据公式

$$\tau = J^T F$$

可得

$$\tau = [\tau_1, \tau_2]^T = \begin{bmatrix} -l_1\sin\theta_1 - l_2\sin(\theta_1+\theta_2) & l_1\cos\theta_1 + l_2\cos(\theta_1+\theta_2) \\ -l_2\sin(\theta_1+\theta_2)l_2 & \cos(\theta_1+\theta_2) \end{bmatrix}\begin{bmatrix} F_X \\ F_Y \end{bmatrix}$$

所以可以得到

$$\tau_1 = [-l_1\sin\theta_1 - l_2\sin(\theta_1+\theta_2)]F_X + l_1\cos\theta_1 + l_2\cos(\theta_1+\theta_2)F_Y$$

$$\tau_2 = -l_2\sin(\theta_1+\theta_2)F_X + l_2\cos(\theta_1+\theta_2)F_Y$$

3.3 工业机器人动力学分析

工业机器人是由多个连杆和多个关节组成的一个非线性（一个系统中输出不与其输入成简单比例关系）的复杂动力学系统，具有多个输入和多个输出。因此要分析机器人的动力学特性，必须采用非常系统的方法，目前可采用的分析方法很多，包括拉格朗日（Lagrange）法、牛顿–欧拉（Newton–Euler）法、高斯（Gauss）法、凯恩（Kane）法、旋量对偶数法和罗伯逊–魏登堡（Roberson–WitTenburg）法等。

在上述这些方法当中，拉格朗日法不仅能以最简单的形式（由于可以不考虑杆件之间的相互作用力）建立非常复杂的系统动力学方程，且方程的物理意义比较明确，便于对工业机器人动力学的理解，成为机器人动力学分析的代表性方法。

3.3.1 牛顿–欧拉方程

牛顿–欧拉方程又简称欧拉方程，用来表征力、力矩、惯性张量和加速度之间的关系。我们可以应用牛顿–欧拉方程来建立机器人机构的动力学方程，其中包括两种应用场景：在研究杆件质心的运动时可以使用牛顿方程；在研究杆件质心的转动时可以使用欧拉方程。

牛顿方程：质量为 m，质心在 C 点的刚体作用在其质心的力 F 的大小与质心加速度 a_c 的关系为

$$F = m \cdot a_c$$

注意，在本式中，F 和 a_c 均为三维矢量。

在三维空间中运动的任意刚体，其转动惯量可以用质量惯性矩 I_{xx}、I_{yy}、I_{zz} 和惯性积 I_{XY}、I_{YZ}、I_{ZX} 为元素的 3×3 坐标矩阵来表示。通常可以将描述转动惯量的参考坐标系固定在刚体上，以方便刚体运动的分析。

$${}^c I = \begin{bmatrix} I_{xx} & -I_{xy} & -I_{xz} \\ I_{xy} & I_{yy} & -I_{yz} \\ -I_{xz} & -I_{yz} & I_{zz} \end{bmatrix}$$

其中质量惯性矩 I_{xx}、I_{yy}、I_{zz} 可用下式表达：

$$I_{xx} = \iiint_v (y^2 + z^2) \rho \mathrm{d}v$$

$$I_{yy} = \iiint_v (x^2 + z^2) \rho \mathrm{d}v$$

$$I_{zz} = \iiint_v (x^2 + y^2) \rho \mathrm{d}v$$

惯性积 I_{XY}、I_{YZ}、I_{ZX} 可用下式表达：

$$I_{XY} = \iiint_v xy \rho \mathrm{d}v$$

$$I_{YZ} = \iiint_v yz \rho \mathrm{d}v$$

$$I_{ZX} = \iiint_v zx\rho \mathrm{d}v$$

在这里，ρ 为密度；$\mathrm{d}v$ 是微分体元。

欧拉方程：一个刚体相对于原点通过质心 C 并与刚体固结的刚体坐标系的转动惯量可以表示为 ^cI。如果使得该刚体得到角速度为 ω、角加速度为 ε 的转动，那么作用在该刚体上的力矩 M 为

$$M = {}^cI \cdot \varepsilon + \omega \times ({}^cI \cdot \omega)$$

注意，在本式中，M、ε 和 ω 均为三维矢量。

3.3.2 拉格朗日方程

在机器人的动力学研究中，主要应用拉格朗日方程建立机器人的动力学方程。这类方程可以直接表示为系统控制输入的函数。若采用齐次坐标，递推的拉格朗日方程也可建立比较方便而有效的动力学方程。

1. 拉格朗日函数

拉格朗日法是根据全部杆件的动能和势能求出拉格朗日函数，再代入拉格朗日方程式中，导出机械运动方程式的分析方法。拉格朗日函数 L（又称拉格朗日算子）是一个机械系统的动能 E_k 和势能 E_p 之差，即

$$L = E_k - E_p$$

式中，E_k 为系统总动能；E_p 为系统总势能。

2. 拉格朗日方程

图 3-21 所示为具有 n 个自由度的工业机器人结构简图，关节 i 处于杆件 $i-1$ 和杆件 i 的连接部位。在杆件 i 上设置 i 坐标系（x_i，y_i，z_i），使 z_i 轴和关节轴重合。

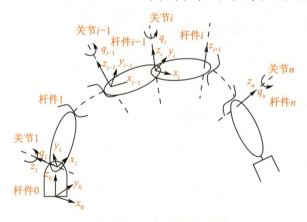

图 3-21 n 自由度工业机器人结构简图

由拉格朗日函数 L 所描述的系统动力学状态的拉格朗日方程（简称 L-E 方程）为

$$F_i = \frac{\mathrm{d}}{\mathrm{d}t}\left(\frac{\partial L}{\partial \dot{q}_i}\right) - \frac{\partial L}{\partial q_i} \quad (i = 1, 2, \cdots, n)$$

式中　L——拉格朗日函数；

　　　n——连杆数目；

F_i——关节 i 的广义驱动力；

q_i——使系统具有完全确定位置的广义关节变量；

$\dot{q}_i$——相应的广义关节速度（即广义关节变量 q_i 对于时间的一阶导数）。

当 q_i 是位移变量时，$\dot{q}_i$ 是线速度，对应的 F_i 为驱动力；当 q_i 是角度变量时，$\dot{q}_i$ 是角速度，对应的 F_i 为驱动力矩。上述变量的单位均需要根据所处的直线坐标或转角坐标来决定。势能和广义关节速度 $\dot{q}_i$ 没有直接关系，因此拉格朗日方程又可以表示为

$$F_i = \frac{\mathrm{d}}{\mathrm{d}t}\frac{\partial E_k}{\partial \dot{q}_i} - \frac{\partial E_k}{\partial q_i} + \frac{\partial E_p}{\partial q_i} \ (i=1, 2, \cdots, n)$$

注意，在本式中，系统的势能 E_p 仅仅只是广义坐标 q_i 的函数，而动能 E_k 是 q_i、$\dot{q}_i$ 及时间 t 的函数，因此拉格朗日函数 L 又可以表示为

$$L = L(q_i, \dot{q}_i, t)$$

3.3.3 平面关节机器人动力学分析案例

机器人是一个非线性的复杂动力学系统。动力学的问题求解较为困难，而且需要较长的运算时间，因此需要化简解的过程。机器人动力学问题主要有两类：一是给出机器人关节位置 θ、速度 $\dot{\theta}$ 和加速度 $\ddot{\theta}$，然后求相应的关节力矩矢量 τ；二是已知关节驱动力矩，求机器人系统响应各瞬时的运动。即已知关节力矩矢量 τ，求机器人关节位置 θ、速度 $\dot{\theta}$ 和加速度 $\ddot{\theta}$。

1. 用拉格朗日法建立动力学方程

（1）选取坐标系，选定独立的广义关节变量 $q_i(i=1,2,\cdots,n)$；

（2）选定相应关节上的广义力 F_i：当 q_i 是位移变量时，F_i 为力；当 q_i 是角度变量时，F_i 为力矩；

（3）求出工业机器人各构件的动能和势能；

（4）构造拉格朗日函数；

（5）代入拉格朗日方程求得工业机器人系统的动力学方程。

2. 二自由度平面关节型机器人的动力学方程

接下来以图 3-22 所示的二自由度机器人为例，来介绍动力学方程的构建过程。

（1）选定广义关节变量及广义力

选取笛卡儿坐标系，规定 X_0 轴及 Y_0 轴的正方向；q_i 是关节变量，由于本例中为转动关节，令连杆 1 和连杆 2 的关节变量分别为转角 θ_1 和 θ_2；连杆 1 和连杆 2 的质量分别是 m_1 和 m_2，杆长分别为 l_1 和 l_2，质心分别在 O_1 和 O_2 处，与关节 1 和关节 2 的关节中心的距离分别为 p_1 和 p_2。因此，连杆 1、连杆 2 的质心 O_1、O_2 的位置坐标分别为

$$O_1: (X_1, Y_1) = (p_1 \cdot \sin\theta_1, -p_1 \cdot \cos\theta_1)$$

$$O_2: (X_2, Y_2) = [l_1 \cdot \sin\theta_1 + p_2 \cdot \sin(\theta_1+\theta_2), -l_1 \cdot \cos\theta_1 - p_2 \cdot \cos(\theta_1+\theta_2)]$$

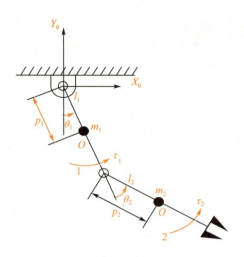

图 3-22 二自由度机器人结构简图

(2) 选定相应的关节上的广义力 F_i

q_i 是角度变量，F_i 为力矩，令关节 1 和关节 2 处的驱动力矩分别为 τ_1 和 τ_2。

(3) 各构件的动能和势能

由（1）可知，质心 O_1 在 X 和 Y 方向上的速度分量（即对各变量角度进行微分）为

$$\begin{bmatrix} \dot{X}_1 & \dot{Y}_1 \end{bmatrix} = \begin{bmatrix} p_1 \cdot \cos\theta_1 \dot{\theta}_1 & p_1 \cdot \sin\theta_1 \dot{\theta}_1 \end{bmatrix}$$

质心 O_2 在 X 和 Y 方向上的速度分量为

$$\begin{bmatrix} \dot{X}_2 & \dot{Y}_2 \end{bmatrix} = \begin{bmatrix} l_1 \cdot \cos\theta_1 \dot{\theta}_1 + p_2 \cdot \cos(\theta_1+\theta_2)(\dot{\theta}_1+\dot{\theta}_2) & l_1 \cdot \sin\theta_1 \dot{\theta}_1 + p_2 \cdot \sin(\theta_1+\theta_2)(\dot{\theta}_1+\dot{\theta}_2) \end{bmatrix}$$

对于当前系统而言，**系统动能**：

$$E_k = E_{k1} + E_{k2}$$

$$E_{k1} = \frac{1}{2} m_1 p_1^2 \dot{\theta}_1^2$$

$$E_{k2} = \frac{1}{2} m_2 l_1^2 \dot{\theta}_1^2 + \frac{1}{2} m_2 p_2^2 \left(\dot{\theta}_1 + \dot{\theta}_2\right)^2 + m_2 l_2 p_2 \cos\theta_2 \left(\dot{\theta}_1^2 + \dot{\theta}_1 \dot{\theta}_2\right)$$

系统势能：

$$E_p = E_{p1} + E_{p2}$$

$$E_{p1} = m_1 g p_1 (1 - \cos\theta_1)$$

$$E_{p2} = m_2 g l_1 (1 - \cos\theta_1) + m_2 g p_2 \left[1 - \cos(\theta_1+\theta_2)\right]$$

提示，在计算时，质心处于最低位置时的状态为势能零点。

(4) 构造拉格朗日函数

$$L = E_k - E_p = \frac{1}{2}\left(m_1 p_1^2 + m_2 l_1^2\right)\dot{\theta}_1^2 + \frac{1}{2} m_2 p_2^2 \left(\dot{\theta}_1 + \dot{\theta}_2\right)^2 + m_2 l_2 p_2 \cos\theta_2 \left(\dot{\theta}_1^2 + \dot{\theta}_1 \dot{\theta}_2\right) - \left(m_1 p_1 + m_2 l_1\right) g (1 - \cos\theta_1) + m_2 g p_2 \left[1 - \cos(\theta_1+\theta_2)\right]$$

（5）代入拉格朗日方程

根据拉格朗日方程，可计算各关节上的力矩，得到系统动力学方程。

① 求解关节 1 上的力矩 τ_1

$$\frac{\partial L}{\partial \dot{\theta}_1} = (I_1 + m_2 l_1^2)\dot{\theta}_1 + (I_2 + m_2 p_2^2)(\dot{\theta}_1 + \dot{\theta}_2) + m_2 l_1 p_2 (2\dot{\theta}_1 + \dot{\theta}_2) \cdot \cos\theta_2$$

$$\frac{\partial L}{\partial \theta_1} = -(m_1 p_1 + m_2 l_1)g \cdot \sin\theta_1 - m_2 g p_2 \cdot \sin(\theta_1 + \theta_2)$$

由该方程组可得

$$\begin{aligned}\tau_1 &= \frac{\mathrm{d}}{\mathrm{d}t}\left(\frac{\partial L}{\partial \dot{\theta}_1}\right) - \frac{\partial L}{\partial \theta_1} \\ &= (I_1 + m_2 l_1^2 + I_2 + m_2 p_2^2 + 2m_2 l_1 p_2 \cdot \cos\theta_2)\ddot{\theta}_1 + \\ &\quad (I_2 + m_2 p_2^2 + m_2 l_1 p_2 \cdot \cos\theta_2)\ddot{\theta}_2 - 2m_2 l_1 p_2 \sin\theta_2 \cdot \dot{\theta}_1 \dot{\theta}_2 - m_2 l_1 p_2 \sin\theta_2 \cdot \dot{\theta}_2^2 + \\ &\quad (m_1 p_1 + m_2 l_1)g \cdot \sin\theta_1 + m_2 g p_2 \cdot \sin(\theta_1 + \theta_2)\end{aligned}$$

② 求解关节 2 上的力矩 τ_2

$$\frac{\partial L}{\partial \dot{\theta}_2} = (I_2 + m_2 p_2^2)(\dot{\theta}_1 + \dot{\theta}_2) + m_2 l_1 p_2 \dot{\theta}_1 \cdot \cos\theta_2$$

$$\frac{\partial L}{\partial \theta_2} = -m_2 l_1 p_2 (\dot{\theta}_1^2 + \dot{\theta}_1 \dot{\theta}_2)\sin\theta_2 - m_2 g p_2 \cdot \sin(\theta_1 + \theta_2)$$

由该方程组可得

$$\begin{aligned}\tau_2 &= \frac{\mathrm{d}}{\mathrm{d}t}\left(\frac{\partial L}{\partial \dot{\theta}_2}\right) - \frac{\partial L}{\partial \theta_2} \\ &= (I_2 + m_2 p_2^2 + m_2 l_1 p_2 \cos\theta_2)\ddot{\theta}_1 + (I_2 + m_2 p_2^2)\ddot{\theta}_2 + [(-m_2 l_1 p_2 + m_2 l_1 p_2)\sin\theta_2]\dot{\theta}_1 \dot{\theta}_2 + \\ &\quad (m_2 l_1 p_2 \sin\theta_2)\dot{\theta}_1^2 + m_2 g p_2 \sin(\theta_1 + \theta_2)\end{aligned}$$

$$\begin{aligned}\tau_2 &= \frac{\mathrm{d}}{\mathrm{d}t}\left(\frac{\partial L}{\partial \dot{\theta}_2}\right) - \frac{\partial L}{\partial \theta_2} \\ &= (I_2 + m_2 p_2^2 + m_2 l_1 p_2 \cdot \cos\theta_2)\ddot{\theta}_1 + (I_2 + m_2 p_2^2)\ddot{\theta}_2 + m_2 l_1 p_2 \dot{\theta}_1^2 \cdot \sin\theta_2 + m_2 g p_2 \cdot \sin(\theta_1 + \theta_2)\end{aligned}$$

（6）计算结果分析

从上面推导可以看出，很简单的二自由度平面关节型机构其动力学方程已经很复杂，包含很多因素，这些因素都在影响工业机器人的动力学特性。对于复杂的多自由度工业机器人，动力学方程结构更加庞大，推导过程也更为复杂。不仅如此，给工业机器人实时控制的求解也带来不小的麻烦。通常，有一些简化动力学模型的方法。

① 当杆件长度不太长，质量很小时，动力学方程中的重力矩项可以省略。

② 当关节速度不是很大，工业机器人不是高速工业机器人时，含有 $\dot{\theta}_1^2$、$\dot{\theta}_1^2$、$\dot{\theta}_1 \dot{\theta}_2$ 的项可以省略。

③当关节加速度不是很大，也就是关节驱动装置的升降速较为平稳时，那么含 $\ddot{\theta}_1$、$\ddot{\theta}_2$ 的项可以省略。但是关节加速度减小会引起速度升降的时间增加。

3.4 工业机器人的动态特性

机器人末端执行器能否以给定速度准确地接近目标，其快速、准确地停在目标点的程度以及对给定停止位置的超调量等都取决于机器人的动态特性。比如，机器人臂部与行走机构的结构、传动部件的精度、运动学和动力学的计算机运算程序的质量等都决定了机器人的动态特性。接下来，我们可以从运动学参数、精确度参数和奇异点（空间分辨率、精度、重复定位精度等）来描述。

3.4.1 运动学参数

1. 循环

执行一次任务程序叫一个循环。

2. 循环时间

完成一个循环所需的时间为循环时间。

3. 标准循环

在规定条件下，机器人完成一个作为标准典型任务时的完整运动称为标准循环。

4. 单轴速度/单关节速度

单个关节运动时机器人上某一固定点产生的速度即单轴速度/单关节速度。

5. 路径速度

在规定路径单位时间内，机器人末端执行器安装点（腕部末端法兰中心点）或工具中心点位姿的变动即路径速度。

6. 单轴加速度/单关节加速度

单个关节运动时机器人上某一固定点产生的加速度即单轴加速度/单关节加速度。

7. 路径加速度

在规定路径的单位时间内，机器人末端执行器安装点（腕部末端法兰中心点）或工具中心点速度的变化即路径加速度。

8. 工作速度

机器人在工作载荷条件下并且在匀速运动的过程中，法兰中心点或工具中心点在单位时间内所运动的距离或转动的角度即工作速度。

3.4.2 精确度参数

机器人的精确度参数用来定义机器人手部的定位能力。图3-23给出了分辨率、重复精度和定位精度的关系。

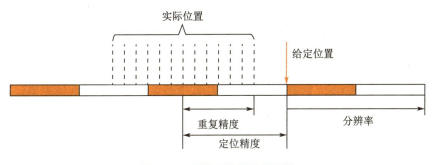

图 3–23 机器人的精确度参数

1. 空间分辨率

空间分辨率指机器人每轴或关节所能达到的最小位移增量（能够实现的最小移动距离或最小转动角度）。我们下面要讲的精度和分辨率不一定相关。一台机器人的运动精度是指系统指令设定的运动位置与该设备执行此指令后能够达到的实际运动位置之间的差距，分辨率则反映了实际需要的运动位置和命令所能够设定的位置之间的差距。

2. 重复精度

重复精度指在相同的运动位置命令下，机器人连续若干次运动轨迹之间的误差度量。作为操作者，我们对工业机器人的一个基础期望就是能够准确运动到示教的目标点（即示教点，是机器人运动实际达到的点），然后关节位置传感器读取关节角并存储。当命令机器人返回这个空间点时，每个关节都移动到已存储的关节角的位置。当制造商在确定机器人返回示教点的精度时，就是在确定机器人的重复精度。机器人重复执行某位置给定指令时，它每次走过的距离并不相同，而是在一平均值附近变化，该平均值代表精度，而变化的幅度代表重复精度。

3. 定位精度

对于使用笛卡儿坐标描述目标位置的系统，它可以将机器人末端移动到工作空间中的一个从未示教过的点，我们称这些点为计算点。对许多机器人作业来说，这种能力是必须的。比如，为机器人的运动路径设置过渡点，即在目标点的某方向上偏移某固定距离的点；或者用计算机视觉系统确定机器人需要作业的某一部分，那么机器人必须能够移动到视觉传感器指定的笛卡儿坐标。到达这个计算点的精度就被称为机器人的定位精度。

由于机器人有转动关节，Denavit–Hartenberg 参数中的误差将会引起逆运动学方程中关节角的计算误差，不同的回转半径导致其分辨率也不同，因此造成了机器人的精度难以确定。所以尽管绝大多数工业机器人的重复精度非常好，但是其定位精度可能相当差，并且每次测量的定位精度值也可能变化相当大。由于定位精度一般较难测定，通常工业机器人生产商只给出重复精度作为标准参数。我们在使用机器人之前需要对机器人进行零点标定，就是为了通过对机器人运动学参数的测算来提高机器人的定位精度。

3.4.3 运动学奇异点

机器人在运动中有可能会到达运动学奇异点。能够正确地理解机器人到达奇异点这种现象对于机器人的设计人员和用户都是十分重要的。当一个机构处于某一位姿时，由于位姿的特殊性使一个关节失效了，也就是说在这个位姿上机构发生局部退化，就好像缺失了一个自由度一样。这种现象是所谓的机构奇异性造成的。所有的机构都会有这种问题，包括机器人，但这种奇异性并不影响机器人手臂在其工作空间内其他点的定位。

$$\dot{\theta} = J^{-1}(\theta)v$$

事实上，绝大多数工业机器人都具有使得雅可比矩阵出现不可逆的 θ 值，这些位置就成为机构的奇异位形或简称奇异点。所有的机器人在工作空间的边界都存在奇异点，并且大多数机器人在它们的工作空间内也有奇异点。也就是说，工业机器人的奇异位形基本可以分为两大类。

（1）工作空间边界的奇异点：出现在机器人手臂完全展开或者收回使得末端执行器处于非常接近工作空间边界的情况。

（2）工作空间内部的奇异点：出现在远离工作空间的边界，通常是由两个或两个以上的关节轴线共同引起的。

当一个机器人处于奇异点时，它会失去一个或多个自由度。也就是说，在笛卡儿空间的某个方向上，无论选择什么样的关节速度，都不能使机器人手臂运动。另外，机器人动力学的复杂性不仅在于结构的复杂，还在于作业情况的多样性和影响因素的可变性。在对机器人进行控制时需要考虑最严峻、最危险的情况，诸如最大加速度时，最高速度作业时，最大关节力时，悬伸最长时，不平衡量最大时，等等。

【知识评测】

1. 填空题

（1）拉格朗日法是根据全部杆件的_____和_____求出拉格朗日函数，再代入拉格朗日方程式中，导出机械运动方程式的分析方法。

（2）若变换对象相对于固定坐标系（也就是静系）进行变换，则算子_____（填"左乘"或"右乘"），且顺序不能改变。

2. 简答题

（1）简述机器人正运动学和逆运动学分别用于解决什么样的问题。

（2）简述机器人的精确度参数和空间分辨率的概念。

（3）已知二自由度机械手的雅可比矩阵为

$$J = \begin{bmatrix} -l_1 \sin\theta_1 - l_2 \sin(\theta_1 + \theta_2) & -l_2 \sin(\theta_1 + \theta_2) \\ l_1 \cos\theta_1 + l_2 \cos(\theta_1 + \theta_2) & l_2 \cos(\theta_1 + \theta_2) \end{bmatrix}$$

若忽略中立，当手部端点力 $F = \begin{bmatrix} 1 \\ 0 \end{bmatrix}$ 时，求相应的关节力矩 τ。

第 4 章　工业机器人轨迹规划

本章在机器人运动学和动力学的基础上，讨论在关节空间和笛卡儿空间中机器人运动的轨迹规划和轨迹生成方法。所谓轨迹，是指操作臂在运动过程中的位移、速度和加速度。而轨迹规划是根据作业任务的要求计算出预期的运动轨迹。首先对机器人的任务、运动路径和轨迹进行描述，轨迹规划器可使编程手续简化，只要求用户输入有关路径和轨迹的若干约束及简单描述，而复杂的细节问题则由规划器解决。例如，用户只需给出手部的目标位姿，让规划器确定到达该目标的路径点、持续时间、运动速度等轨迹参数。并且，在计算机内部描述所要求的教迹，即选择习惯规定及合理的软件数据结构。最后，根据对内部描述的轨迹，实时计算机器人运动的位移、速度和加速度，生成运动轨迹。每一轨迹点的计算时间要与轨迹更新速率合拍，在现有的机器人控制系统中，这一速率在 20~200 Hz 之间。

4.1　轨迹规划概述

4.1.1　工业机器人轨迹的概念

1. 工业机器人的轨迹

工业机器人轨迹泛指工业机器人在运动过程中的运动轨迹，即运动点的位移、速度和加速度。

机器人在作业空间要完成给定的任务，其末端执行器必须要按照一定的轨迹行进。轨迹的生成一般是根据先给定轨迹上的若干点，将其经运动学反解映射到关节空间，对关节空间中的相应点建立运动方程，然后按照这些运动方程对关节进行插值，从而实现作业空间的运动要求，这一过程通常称为轨迹规划。

工业机器人轨迹规划属于机器人底层规划，基本上不涉及人工智能问题。在这里也仅讨论在关节空间或笛卡儿空间中工业机器人运动的轨迹规划和轨迹生成方法。

机器人运动轨迹的描述一般是对其末端执行器位姿的描述，此位置值可以与关节变量相互转换。控制轨迹也就是按照时间控制末端工具中心走过的空间路径。

2. 轨迹规划的实现方式

在机器人完成给定作业任务之前，应该规定它的操作顺序、行动步骤和作业进程。在人工智能的研究范围中，规划实际上就是一种问题求解技术，即从某个特定问题的初始状态出发，构造一系列操作步骤（也称算子），使之达到解决该问题的目标状态。机器人任务规划所涉及的范围十分广泛，如图 4-1 所示，任务规划器根据输入的任务说明，规划执行任务所需的运动。根据环境的内部模型和传感器（包括视觉）在线采集的数据产生控制指令。

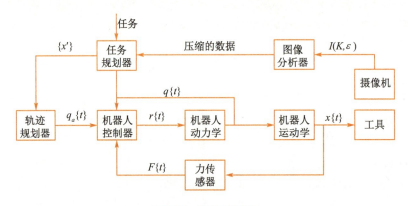

图 4-1 任务规划器

3. 机器人 TCP 的轨迹规划

首先我们先对机器人要作业的对象（即要抓取的物体）进行描述。由前述可知，任一刚体相对参考系的位姿是用与它固接的坐标系来描述的。刚体上相对于固接坐标系的任一点用相应的位置矢量 P 表示；任一方向用方向余弦表示。给出刚体的几何图形及固接坐标系后，只要规定固接坐标系的位姿，便可重构该刚体在空间的位姿。

例如，如图 4-2 所示的螺栓，其轴线与固接坐标系的 Z 轴重合。螺栓头部直径为 32 mm，中心取为坐标原点，螺栓长 80 mm，直径 20 mm，则可根据固接坐标系的位姿重构螺栓在空间的位姿和几何形状。

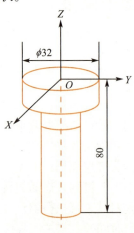

图 4-2 作业对象的描述

然后我们再来描述机器人的作业。机器人的作业过程可用手部位姿节点序列来规定，每个节点可用工具坐标系相对于作业坐标系的齐次变换来描述。相应的关节变量可用逆向运动学求解程序计算。

图4-3所示为机器人插螺栓作业的轨迹，插螺栓作业要求把螺栓从槽中取出并放入托架的一个孔中，用符号表示沿轨迹运动的各节点的位姿，使机器人能沿虚线运动并完成作业。设定P_i（$i=0, 1, \cdots, 5$）为气动手爪必须经过的直角坐标节点。参照这些节点的位姿将作业描述为如表4-1所示的手部的一连串运动和动作。

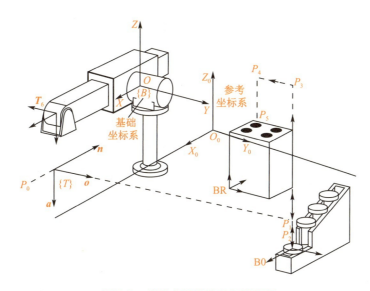

图4-3 机器人插螺栓作业的轨迹

表4-1 螺栓的抓取和插入过程

项目	节点					
	P_0	P_1	P_2	P_3	P_4	P_5
运动	INIT	MOVE	MOVE GRASP	MOVE	MOVE	MOVE RELEASE
目标	原始	接近螺栓	到达、抓住	提升	接近托架	插入孔中 松开

第一个节点P_1对应一个变换方程，从而解出相应的机器人的变换矩阵$^0T_6$。由此得到作业描述的基本结构：作业节点P_i只对应机器人变换矩阵$^0T_6$，从一个变换到另一个变换通过机器人运动实现。

机器人完成此项作业时，气动手爪的位姿可用一系列节点来表示。在直角坐标空间中进行轨迹规划的首要问题是，在节点P_i和P_{i+1}所定义路径的起点和终点之间如何生成一系列中间点。两节点之间最简单的路径是空间的一个直线移动和绕某定轴的转动。运动时间给定之后，则可以产生一个使线速度和角速度受控的运动。如图4-3所示，要生

成从节点原位 P_0 运动到接近螺栓 P_1 的轨迹,更一般地,从任一节点 P_i 到下一节点 P_{i+1} 的运动可表示为

$$^0T_6\,^6T_T = \,^0T_B\,^BP_i$$

即 $^0T_6 = \,^0T_B\,^BP_i\,^6T_T^{-1}$ 到 $^0T_6 = \,^0T_B\,^BP_{i+1}\,^6T_T^{-1}$ 的运动。

式中　　^6T_T ——工具坐标系 $\{T\}$ 相对末端连杆系 $\{T_6\}$ 的变换;

^BP_i 和 $^BP_{i+1}$ ——两节点 P_i 和 P_{i+1} 相对坐标系 $\{B\}$ 的齐次变换。

可将气动手爪从节点 P_i 到节点 P_{i+1} 的运动看成与气动手爪内接的坐标系的运动,按第 3 章运动学知识可求其解,此处不再详细阐释。

4.1.2 轨迹规划要点

通常将工业机器人的运动看作工具坐标系 $\{T\}$ 相对于工作坐标系 $\{S\}$ 的运动。这种描述方法既适用于各种机器人,也适用于同一操作臂上装夹的各种工具。对于移动工作台(如传送带),这种方法同样适用。这时,工作坐标系 $\{S\}$ 的位姿随时间而变化。

对点位作业(pick and place operation)的机器人(如用于上、下料),需要描述它的起始状态和目标状态,即工具坐标系的起始值 $\{T_0\}$ 和目标值 $\{T_f\}$。在此,用"点"这个词表示工具坐标系的位置和姿态(简称位姿),例如起始点和目标点等。

对于另外一些作业,如弧焊和曲面加工等,不仅要规定操作臂的起始点和终止点,而且要指明两点之间的若干中间点(路径点),必须沿特定的路径运动(路径约束)。这类称为连续路径运动(continuous-path motion)或轮廓运动(contour motion),而前者称点到点运动(point-to-point motion,PTP)。

在规划机器人的运动时,还需要弄清楚在其路径上是否存在障碍物(障碍约束)。路径约束和障碍约束的组合将机器人的规划与控制方式划分为四类,本章主要讨论连续路径的无障碍的轨迹规划方法。轨迹规划器可形象地看成一个黑箱(图4-4),其输入包括路径的"设定"和"约束",输出的是操作臂末端手部的"位姿序列",表示手部在各离散时刻的中间形位(configurations)。

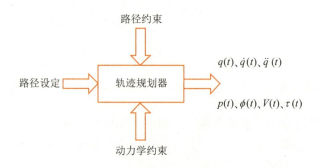

图 4-4　轨迹规划器框图

机器人最常用的轨迹规划方法有两种:第一种方法要求用户对于选定的轨迹节点(插值点)上的位姿、速度和加速度给出一组显式约束(如连续性和光滑程度等),轨迹规划器从一类函数(如 n 次多项式)中选取参数化轨迹,对节点进行插值,并满足约

束条件。第二种方法要求用户给出运动路径的解析式，如直角坐标空间中的直线路径，轨迹规划器在关节空间或直角坐标空间中确定一条轨迹来逼近预定的路径。

在第一种方法中，约束的设定和轨迹规划均在关节空间进行。由于对机器人末端执行器（直角坐标形位）没有施加任何约束，用户很难弄清执行器的实际路径，因此可能会发生与障碍物相碰撞的危险。

第二种方法的路径约束是在直角坐标空间中给定的，而关节驱动器是在关节空间中受控的。因此，为了得到与给定路径十分接近的轨迹，首先必须采用某种函数逼近的方法将直角坐标路径约束转化为关节坐标路径约束，然后确定满足关节路径约束的参数化路径。轨迹规划既可在关节空间也可在直角空间中进行，但是所规划的轨迹函数都必须连续和平滑，使得操作臂的运动平稳。在关节空间进行规划时，是将关节变量表示成时间的函数，并规划它对时间的一阶导数和二阶导数；在直角空间进行规划是指将手部位姿、速度和加速度表示为时间的函数，而相应的关节位移、速度和加速度由手部的信息导出。通常通过运动学反解得出关节位移，用逆雅可比矩阵求出关节速度，用逆雅可比矩阵及其导数求解关节加速度。

我们根据作业给出各个路径节点后，规划器的任务包含解变换方程、进行运动学反解和插值运算等；在关节空间进行规划时，大量工作是对关节变量的插值运算。

为了描述一个完成的作业，往往需要将一些基本的运动方式进行组合。在进行组合规划时，需要注意以下几个方面的问题。

（1）对工作对象及作业内容进行描述，用示教方法给出轨迹上的若干个节点。

（2）用一条轨迹通过或逼近节点，此轨迹可以按照一定的原则优化，如加速度平滑得到直角空间的位移时间函数 $X(t)$ 或关节空间的位移时间函数 $q(t)$；在节点之间如何进行插补，即根据轨迹表达式在每一个采样周期实时计算轨迹上点的位姿和各关节变量值。

（3）以上生成的轨迹是机器人位置控制的给定值，可以据此并根据机器人的动态参数设计一定的控制规律。

（4）在规划机器人的运动轨迹时，尚需明确其路径上是否存在障碍约束的组合。一般将机器人的规划与控制方式分为四种情况，具体见表4–2。

表4–2 机器人的规划与控制方式

项目		障碍约束	
		有	无
路径约束	有	离线无碰撞路径规划＋在线路径跟踪	离线路径规划＋在线路径跟踪
	无	位置控制＋在线障碍探测和避障	位置控制

4.2 关节轨迹的插补与控制

4.2.1 插补方式分类

路径控制的方式主要分为两大类,即点位控制(PTP控制)和连续轨迹控制(CP控制)。其中点位控制通常没有路径约束,多以关节坐标运动表示。点位控制只要求满足起、终点位姿,在轨迹中间只有关节的几何限制、最大速度和加速度约束。为了保证运动的连续性,要求速度连续,各关节轴协调。

连续轨迹控制(CP控制)有路径约束,因此要对路径进行设计。路径控制与插补方式分类见表4-3。

表4-3 路径控制与插补方式分类

路径控制	不插补	关节插补(平滑)	空间插补
点位控制	1. 各轴独立,快速到达; 2. 各关节最大加速度限制	1. 各轴协调运动,定时插补; 2. 各关节最大加速度限制	—
连续轨迹控制	—	1. 在空间插补点间进行关节定时插补; 2. 用关节的低阶多项式拟合空间直线,使各轴协调运动; 3. 各关节最大加速度限制	1. 直线、圆弧、曲线等距插补; 2. 启停线速度、线加速度给定,各关节最大加速度限制

4.2.2 轨迹控制过程

机器人的基本操作方式是示教—再现,即首先教机器人如何做,机器人记住了这个过程,它就可以根据需要重复这个动作。操作过程中,不可能把空间轨迹的所有点都示教一遍使机器人记住,这样太烦琐,也浪费很多计算机内存。实际上,对于有规律的轨迹,仅示教几个特征点,计算机就能利用插补算法获得中间点的坐标,如直线需要示教两点,圆弧需要示教三点,通过机器人逆向运动学算法由这些点的坐标求出机器人各关节的位置和角度($\theta_1, \theta_2, \cdots, \theta_n$),然后由后面的角位置闭环控制系统实现要求的轨迹上的一点。继续插补并重复上述过程,从而实现要求的轨迹。

机器人轨迹控制过程如图4-5所示。

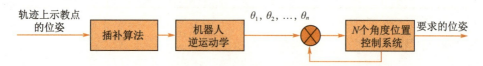

图4-5 机器人轨迹控制过程

4.2.3 考虑动力学模型的轨迹规划控制

前面所述轨迹规划所生成的关节矢量 $q(t)$、关节速度 $\dot{q}(t)$ 和关节加速度 $\ddot{q}(t)$ 没有考虑操作臂的动力学特性。实际上，操作臂所能达到的加速度与其动力学性能、驱动电机的输出力矩等因素有关。并且，多数电机的特征并不是由它的最大力矩或最大加速度所规定的，而是由它的力矩 – 速度关系曲线（机械特性）所规定的。

在进行轨迹规划规定各个关节或各个自由度的最大加速度时，通常取比较保守的值，以免超过驱动装置的实际负载能力。显然，采用上述轨迹规划方法不能充分利用操作臂的加速度性能。因而，自然会提出这样的最优规划问题：根据给定的空间路径、操作臂动力学和驱动电机的速度 – 力矩约束曲线，求机器人的最佳轨迹，使它到达目标点的时间最短。

采用笛卡儿空间轨迹规划，路径约束是以笛卡儿坐标表示的，而驱动力矩约束是以关节坐标的形式给出的。因此，该优化问题是带有两个坐标系混合约束的问题。必须将路径用低阶多项式函数逼近方法将路径约束从笛卡儿空间转化到关节空间，或将关节力矩和关节力约束转化到笛卡儿空间，然后进行轨迹优化和控制。

时间最短的优化问题则归结为如何调整各路径段的持续时间，使总的时间最短，并满足速度加速度、加速度变化和力矩约束。与之相对应的问题是在给定的总的时间容许范围内选择最优轨迹，使最大驱动力矩（力）、最大加速度、最大速度都为最小。

4.3 工业机器人轨迹插补计算

给出各个路径节点后，轨迹规划的任务包含解变换方程、进行逆向运动学求解和插值计算。在关节空间进行规划时，须进行的大量工作是对关节变量的插值计算。

4.3.1 直线插补

直线插补和圆弧插补是机器人系统中的基本插补算法。对于非直线和圆弧轨迹，可以采用直线或圆弧逼近，以实现这些轨迹。

空间直线插补是在已知该直线始、末两点的位置和姿态的条件下，求各轨迹中间点（插补点）的位置和姿态。由于在大多数情况下，机器人沿直线运动时姿态不变，所以无姿态插补，即保持第一个示教点时的姿态。当然在有些情况下要求变化姿态，这就需要姿态插补，可仿照下面介绍的位置插补原理处理，也可参照圆弧的姿态插补方法解决，如图 4-6 所示。已知直线始、末两点的坐标值 $P_0(X_0,Y_0,Z_0)$、$P_e(X_e,Y_e,Z_e)$ 及姿态，其中 P_0、P_e 是相对于基坐标系的位置。这些已知的位置和姿态通常是通过示教方式得到的。

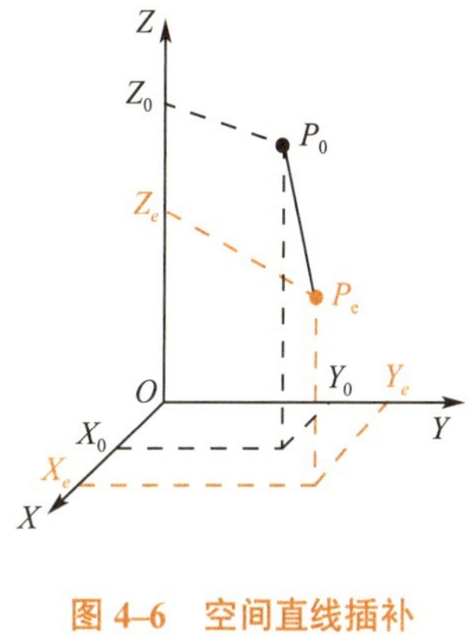

设 v 为要求的沿直线运动的速度，t_s 为插补时间间隔。为减少实时计算量，示教完成后，可求出：

直线长度

图 4-6 空间直线插补

$$L = \sqrt{(X_e - X_0)^2 + (Y_e - Y_0)^2 + (Z_e - Z_0)^2}$$

t_s 间隔内行程

$$d = vt_s$$

各轴增量

$$\Delta X = (X_e - X_0)/N$$
$$\Delta Y = (Y_e - Y_0)/N$$
$$\Delta Z = (Z_e - Z_0)/N$$

各插补点坐标值

$$X_{i+1} = X_i + i \cdot \Delta X$$
$$Y_{i+1} = Y_i + i \cdot \Delta Y$$
$$Z_{i+1} = Z_i + i \cdot \Delta Z$$

在式中，$i = 0, 1, 2, \cdots, N$；插补总步数 N 为 $\dfrac{L}{d+1}$ 的整体部分。

4.3.2 圆弧插补

1. 平面圆弧插补

平面圆弧是指圆弧平面与基坐标系的三大平面之一重合。以 OXY 平面圆弧为例，已知不在一条直线上的三点 P_1、P_2、P_3 及这三点对应的机器人末端执行器的姿态，如图 4–7 所示。

设 v 为要求的沿圆弧运动的速度，t_s 为插补时间间隔。类似直线插补的情况可以计算出：

（1）由 P_1、P_2、P_3 确定圆弧半径 R。

（2）总的圆心角 $\varphi = \varphi_1 + \varphi_2$，其中

$$\varphi_1 = 2\arcsin\left[\sqrt{(X_2 - X_1)^2 + (Y_2 - Y_1)^2}/2R\right]$$

$$\varphi_2 = 2\arcsin\left[\sqrt{(X_3 - X_2)^2 + (Y_3 - Y_2)^2}/2R\right]$$

（3）t_s 时间内角位移量 $\Delta\theta = t_s v / R$，根据图 4–7 所示的几何关系求各插补点坐标。

（4）总插补数（取整数）为

$$N = \frac{\varphi}{\Delta\theta} + 1$$

如图 4–8 所示为平面圆弧插补，对 P_{i+1} 点，有

$$X_{i+1} = R\cos(\theta_i + \Delta\theta) = R\cos\theta_i \cos\Delta\theta - R\sin\theta_i \sin\Delta\theta$$

在此用 $X_i = R\cos\theta_i, Y_i = R\sin\theta_i$ 来带入上式可得

$$X_{i+1} = X_i \cos\Delta\theta - Y_i \sin\Delta\theta$$

同理，有

$$Y_{i+1} = R\sin(\theta_i + \Delta\theta) = R\sin\theta_i\cos\Delta\theta + R\cos\theta_i\sin\Delta\theta = Y_i\cos\Delta\theta + X_i\sin\Delta\theta$$

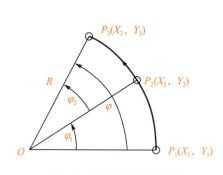

图 4-7 由三点确定的圆弧

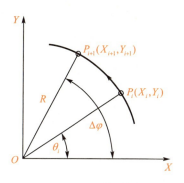

图 4-8 平面圆弧插补

由 $\theta_{i+1} = \theta_i + \Delta\theta$ 可判断是否到插补终点。若 $\theta_{i+1} \leq \varphi$，则继续插补下去；当 $\theta_{i+1} > \varphi$ 时，则修正最后一步的步长 $\Delta\theta$，并以 $\Delta\theta'$ 表示，$\Delta\theta' = \varphi - \theta_i$，故平面圆弧位置插补为

$$\begin{cases} X_{i+1} = X_i\cos\Delta\theta - Y_i\sin\Delta\theta \\ Y_{i+1} = Y_i\cos\Delta\theta + X_i\sin\Delta\theta \\ \theta_{i+1} = \theta_i + \Delta\theta \end{cases}$$

2. 空间圆弧插补

空间圆弧是指三维空间任一平面内的圆弧，此为空间一般平面的圆弧问题。

空间圆弧插补可分三步来处理：

（1）把三维问题转化成二维问题，找出圆弧所在平面。

（2）利用二维平面插补算法求出插补点坐标 (X_{i+1}, Y_{i+1})。

（3）把该点的坐标值转变为基础坐标系下的值，如图 4-9 所示。

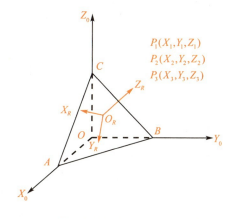

图 4-9 基础坐标与空间圆弧平面的关系

通过不在同一直线上的三点 P_1、P_2、P_3 可确定一个圆和这三点之间的圆弧，其圆心为 O_R，半径为 R，圆弧所在平面与基础坐标系平面的交线分别为 AB、BC、CA。

建立圆弧平面插补坐标系，即把 $O_R X_R Y_R Z_R$ 坐标系原点与圆心 O_R 重合，设 $O_R X_R Y_R Z_R$ 平面为圆弧所在平面，且保持 Z_R 为外法线方向。这样，一个空间三维问题就转化成平面二维问题，可以应用平面圆弧插补的结论。

求解两坐标系（图 4-9）的转换矩阵。令 T_R 表示由圆弧坐标 $O_R X_R Y_R Z_R$ 至基础坐标系 $OX_0 Y_0 Z_0$ 的转换矩阵。

若 Z_R 轴与基础坐标系 Z_0 轴的夹角为 α，X_R 轴与基础坐标系 X_0 轴的夹角为 θ，则可完成下述步骤：

（1）绕 X_R 轴转 α 角，使 Z_0 轴与 Z_R 轴平行；

（2）再绕 Z_R 轴转 θ 角，使 X_0 轴与 X_R 轴平行；

（3）将 $O_R X_R Y_R Z_R$ 的原点 O_R 放到基础原点 O 上。

这三步完成了 $O_R X_R Y_R Z_R$ 向 $OX_0 Y_0 Z_0$ 的转换，由于运动是相对固定坐标系的，故按照算子左乘的原则，总转换矩阵应为

$$T_R = T(X_{O_R}, Y_{O_R}, Z_{O_R}) R(Z, \theta) R(X, \alpha) = \begin{bmatrix} \cos\theta & -\sin\theta\cos\alpha & \sin\theta\cos\alpha & X_{O_R} \\ \sin\theta & \cos\theta\cos\alpha & -\cos\theta\sin\alpha & Y_{O_R} \\ 0 & \sin\alpha & \cos\alpha & Z_{O_R} \\ 0 & 0 & 0 & 1 \end{bmatrix}$$

式中，X_{O_R}、Y_{O_R}、Z_{O_R} 为圆心 O_R 在基础坐标系下的坐标值。

如果要将基础坐标系的坐标值表示在 $O_R X_R Y_R Z_R$ 坐标系，则要用到 T_R 的逆矩阵：

$$T_R^{-1} = \begin{bmatrix} \cos\theta & \sin\theta & 0 & -(X_{O_R}\cos\theta + Y_{O_R}\sin\theta) \\ -\sin\theta\cos\theta & \cos\theta\cos\alpha & \sin\alpha & -(X_{O_R}\sin\theta\cos\alpha + Y_{O_R}\cos\theta\cos\alpha + Z_{O_R}\sin\alpha) \\ \sin\theta\sin\alpha & -\cos\theta\sin\alpha & \cos\alpha & -(X_{O_R}\sin\theta\sin\alpha + Y_{O_R}\cos\theta\sin\alpha + Z_{O_R}\cos\alpha) \\ 0 & 0 & 0 & 1 \end{bmatrix}$$

4.3.3 关节空间插补

路径点（即节点）通常用工具坐标系 $\{T\}$ 相对于工作坐标系 $\{S\}$ 的位姿来表示。为了求得在关节空间形成所要求的轨迹，首先用逆运动学将路径点转换成关节矢量的角度值，然后对每个关节拟合一个光滑函数，使之从起始点开始，依次通过所有路径点，最后到达目标点。对于每一段路径，各个关节运动时间均相同，这样可保证所有关节同时到达路径点和终止点，从而得到工具坐标系 $\{T\}$ 应有的位置和姿态。但是，尽管每个关节在同一段路径中的运动时间相同，各个关节函数之间却是相互独立的。

总之，关节空间法是以关节角度的函数来描述机器人的轨迹的，关节空间法不必在直角坐标系中描述两个路径点之间的路径形状，计算简单。再者，由于关节空间与直角坐标空间之间并不是连续的对应关系，因而不会发生机构的奇异性问题。

在关节空间中进行轨迹规划，需要给定机器人在起始点和终止点手臂的位姿。对关节进行插值时应满足一系列的约束条件，例如抓取物体时手部的运动方向（初始点），提升物体离开的方向（提升点），放下物体（下放点）和停止点等节点上的位姿、速度和加速度的要求；与此相应的各个关节位移、速度、加速度在整个时间间隔内的连续性要求以及其极值必须在各个关节变量的容许范围之内等。满足所要求的约束条件之后，可以选取不同类型的关节插值函数，生成不同的轨迹。常用的关节空间插补方法如下。

1. 三次多项式插值

在机器人运动过程中，若末端执行器的起始和终止位姿已知，由逆向运动学即可求出对应于两位姿的各个关节角度。如图4-10所示，末端执行器实现两位姿的运动轨迹描述可在关节空间中用经过起始点和终止点关节角的一个平滑轨迹函数 $\theta(t)$ 来表示。

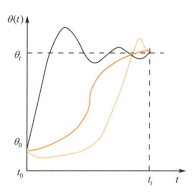

图 4-10 单个关节的不同轨迹曲线

为实现系统的平稳运动，每个关节的轨迹函数 $\theta(t)$ 至少需要满足四个约束条件，即两端点位置约束和两端点速度约束。

端点位置约束是指起始位姿和终止位姿分别对应的关节角度。$\theta(t)$ 在时刻 $t_0 = 0$ 时的值是起始关节角度 θ_0，在终端时刻 t_f 时的值是终止关节角度 θ_f，即

$$\begin{cases} \theta(0) = \theta_0 \\ \theta(t_f) = \theta_f \end{cases}$$

为满足关节运动速度的连续性要求，起始点和终止点的关节速度可简单地设置为0，即

$$\begin{cases} \dot{\theta}(0) = \theta_0 \\ \dot{\theta}(t_f) = \theta_f \end{cases}$$

上面给出的四个约束条件可以确定一个位移的三次多项式

$$\theta(t) = a_0 + a_1 t + a_2 t^2 + a_3 t^3$$

运动过程中的关节速度和加速度则为

$$\begin{cases} \dot{\theta}(t) = a_1 + 2a_2 t + 3a_3 t^2 \\ \ddot{\theta}(t) = 2a_2 + 6a_3 t \end{cases}$$

为求得三次多项式的系数 a_0、a_1、a_2、a_3，将角度和速度的约束值代入给定的约束条件，可得方程组

$$\begin{cases} \theta_0 = a_0 \\ \theta_f = a_0 + a_1 t_f + a_2 t_f^2 + a_3 t_f^3 \\ 0 = a_1 \\ 0 = a_1 + 2a_2 t_f + 3a_3 t_f^2 \end{cases}$$

求解该方程组，可得

$$\begin{cases} a_0 = \theta_0 \\ a_1 = 0 \\ a_2 = \dfrac{3}{t_f^2}(\theta_f - \theta_0) \\ a_3 = -\dfrac{2}{t_f^3}(\theta_f - \theta_0) \end{cases}$$

由三次多项式和上述解可知，对于起始速度及终止速度为零的关节运动，满足连续平稳运动要求的三次多项式插值函数为

$$\theta(t) = \theta_0 + \frac{3}{t_f^2}(\theta_f - \theta_0)t^2 - \frac{2}{t_f^3}(\theta_f - \theta_0)t^3$$

由上式可得关节角速度和角加速度的表达式为

$$\begin{cases} \dot{\theta}(t) = \dfrac{6}{t_f^2}(\theta_f - \theta_0)t - \dfrac{6}{t_f^3}(\theta_f - \theta_0)t^2 \\ \ddot{\theta}(t) = \dfrac{6}{t_f^2}(\theta_f - \theta_0) - \dfrac{12}{t_f^3}(\theta_f - \theta_0)t \end{cases}$$

三次多项式插值的关节运动轨迹曲线如图 4-11 所示。由图可知，其速度曲线为抛物线，相应的加速度曲线为直线。

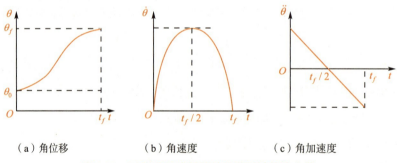

（a）角位移　　　　（b）角速度　　　　（c）角加速度

图 4-11　三次多项式插值的关节运动轨迹曲线

2. 过路径点的三次多项式插值

所规划的机器人作业路径可能在多个点上有位姿要求，如图 4-12 所示，机器人作业除在 A、B 点有位姿要求外，在路径点 C、D 也有位姿要求。对于这种情况，假如末端执行器在路径点停留，即各路径点上速度为 0，则轨迹规划可连续直接使用前面介绍的三次多项式插值方法；但若末端执行器只是经过，并不停留，就需要将前述方法推广。

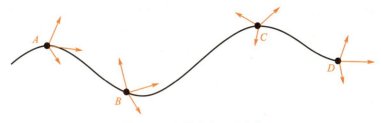

图 4-12 机器人作业路径点

对于机器人作业路径上的所有路径点可以用求解逆向运动学的方法先得到多组对应的关节空间路径点，进行轨迹规划时，把每个关节上相邻的两个路径点分别看作起始点和终止点，再确定相应的三次多项式插值函数，把路径点平滑连接起来。一般情况下，这些起始点和终止点的关节运动速度不再为零。

设路径点上的关节速度已知，在某段路径上，起始点为 θ_0 和 $\dot\theta_0$，终止点为 θ_f 和 $\dot\theta_f$，这时，确定三次多项式系数的方法与前述方法完全一致，只是速度约束条件变为

$$\begin{cases}\dot\theta(0)=\dot\theta_0\\ \dot\theta(t_f)=\dot\theta_f\end{cases}$$

利用约束条件确定三次多项式系数，有下列方程组：

$$\begin{cases}\theta_0=a_0\\ \theta_f=a_0+a_1t_f+a_2t_f^2+a_3t_f^3\\ \dot\theta_0=a_1\\ \dot\theta_f=a_1+2a_2t_f+3a_3t_f^2\end{cases}$$

求解方程组，得 a_0、a_1、a_2、a_3 为

$$\begin{cases}a_0=\theta_0\\ a_1=\dot\theta_0\\ a_2=\dfrac{3}{t_f^2}(\theta_f-\theta_0)-\dfrac{2}{t_f}\dot\theta_0-\dfrac{1}{t_f}\dot\theta_f\\ a_3=-\dfrac{2}{t_f^3}(\theta_f-\theta_0)+\dfrac{1}{t_f^2}(\dot\theta_0+\dot\theta_f)\end{cases}$$

当路径点上的关节速度为 0，即 $\dot\theta_0=\dot\theta_f=0$ 时，则该方程的解与初始值完全相同，这就说明了由上述解确定的三次多项式描述了起始点和终止点具有任意给定位置和速度约束条件的运动轨迹。

接下来我们确定路径上的关节速度，主要包括以下三种方法。

（1）根据工具坐标系在直角坐标空间中的瞬时线速度和角速度来确定每个路径点的关节速度。利用操作臂在此路径点上的逆雅可比矩阵，把该点的直角坐标速度"映射"为所要求的关节速度。当然，如果操作臂的某个路径点是奇异点，这时就不能任意设置速度值。按照该方法生成的轨迹虽然能满足使用者设置速度的需要，但是逐点设置速度毕竟要耗费很大的工作量。

（2）在直角坐标空间或关节空间中采用适当的启发式方法，由控制系统自动地选择

路径点的速度。图 4-13 表示一种启发式选择路径点速度的方式。图中，θ_0 为起始点，θ_D 为终止点，θ_A、θ_B 和 θ_C 是路径点，用细实线表示过路径点时的关节运动速度。这里所用的启发式信息从概念到计算方法都很简单，即假设用直线段把这些路径点依次连接起来，如果相邻线段的斜率在路径点处发生变号，则把速度选定为零；如果相邻线段不改变符号，则选取路径点两侧的线段斜率的平均值作为该点的速度。因此，根据规定的路径点，系统就能够按此规则自动生成相应的路径点速度。

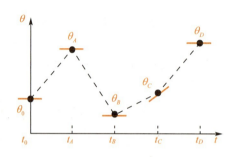

图 4-13　路径点上速度的自动生成

（3）为了保证每个路径点上的加速度连续，由控制系统按此要求自动地选择路径点的速度。为了保证路径点处的加速度连续，可以设法用两条三次曲线在路径点处按一定规则接起来，拼凑成所要求的轨迹。其约束条件是：连接点处不仅要求速度连续，而且加速度也连续。

3. 高阶多项式插值

若对于运动轨迹的要求更为严格，约束条件增加，三次多项式就不能满足需要，须用更高阶的多项式对运动轨迹的路径段进行插值。

例如，对某段路径的起始点和终止点都规定了关节的位置、速度和加速度，则要用一个五次多项式进行插值，即

$$\theta(t) = a_0 + a_1 t + a_2 t^2 + a_3 t^3 + a_4 t^4 + a_5 t^5$$

多项式的系数 a_0、a_1、$\cdots$、a_5 必须满足 6 个约束条件：

$$\begin{cases} \theta_0 = a_0 \\ \theta_f = a_0 + a_1 t_f + a_2 t_f^2 + a_3 t_f^3 + a_4 t_f^4 + a_5 t_f^5 \\ \dot{\theta}_0 = a_1 \\ \dot{\theta}_f = a_1 + 2a_2 t_f + 3a_3 t_f^2 + 4a_4 t_f^3 + 5a_5 t_f^4 \\ \ddot{\theta}_0 = 2a_2 \\ \ddot{\theta}_f = 2a_2 + 6a_3 t_f + 12a_4 t_f^2 + 20a_5 t_f^3 \end{cases}$$

这个线性方程组含有 6 个未知数和 6 个方程，其解为

$$\begin{cases} a_0 = \theta_0 \\ a_1 = \dot{\theta}_0 \\ a_2 = \dfrac{\ddot{\theta}_0}{2} \\ a_3 = \dfrac{20\theta_f - 20\theta_0 - \left(8\dot{\theta}_f + 12\dot{\theta}_0\right)t_f - \left(3\ddot{\theta}_0 - \ddot{\theta}_f\right)t_f^2}{2t_f^3} \\ a_4 = \dfrac{30\theta_0 - 30\theta_f + \left(14\dot{\theta}_f + 16\dot{\theta}_0\right)t_f + \left(3\ddot{\theta}_0 - 2\ddot{\theta}_f\right)t_f^2}{2t_f^4} \\ a_5 = \dfrac{12\theta_f - 12\theta_0 - \left(6\dot{\theta}_f + 6\dot{\theta}_0\right)t_f - \left(\ddot{\theta}_0 - \ddot{\theta}_f\right)t_f^2}{2t_f^5} \end{cases}$$

4. 用抛物线过渡的线性插值

在关节空间轨迹规划中，对于给定起始点和终止点的情况选择线性函数插值较为简单，如图 4-14 所示。然而，单纯线性插值会导致起始点和终止点的关节运动速度不连续，且加速度无穷大，显然在两端点会造成刚性冲击。因此，应对线性函数插值方案进行修正，在线性插值两端点的邻域内设置一段抛物线形缓冲区段。由于抛物线函数对于时间的二阶导数为常数，即相应区段内的加速度恒定，这样可以保证起始点和终止点的速度平滑过渡，从而使整个轨迹上的位置和速度连续。线性函数与两段抛物线函数平滑地衔接在一起形成的轨迹称为带有抛物线过渡域的线性轨迹，如图 4-15 所示。

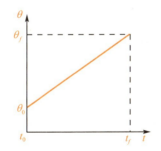

图 4-14 两点间的线性插值轨迹

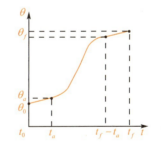

图 4-15 带有抛物线过渡域的线性轨迹

设两端的抛物线轨迹具有相同的持续时间 t_a，具有大小相同而符号相反的恒加速度 $\ddot{\theta}$。对于这种路径规划存在有多个解，其轨迹不唯一，如图 4-16 所示。但是，每条路径都对称于时间中点 t_h 和位置中点 θ_h。

要保证路径轨迹的连续、光滑，即要求抛物线轨迹的终点速度必须等于线性段的速度，故有下列关系：

$$\ddot{\theta}t_a = \dfrac{\theta_h - \theta_a}{t_h - t_a}$$

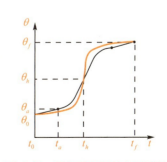

图 4-16 轨迹的多解性与对称性

式中，θ_a 为对应于抛物线持续时间 t_a 的关节角度。

θ_a 的值可以按下式求出：

$$\theta_a = \theta_0 + \ddot{\theta} t_a^2 / 2$$

设关节从起始点到终止点的总运动时间为 t_f，则 $t_f = 2t_h$，并注意到

$$\theta_a = (\theta_0 + \theta_f) / 2$$

则由上述三个式子可得

$$\ddot{\theta} t_a^2 - \ddot{\theta} t_f t_a + (\theta_f - \theta_0) = 0$$

一般情况下，θ_0、θ_f、t_f 是已知条件，这样根据 θt_a 的表达式可以选择相应的 $\ddot{\theta}$ 和 t_a，得到相应的轨迹。通常的做法是先选定加速度 $\ddot{\theta}$ 的值，然后按照上述方程求出相应的 t_a：

$$t_a = \frac{t_f}{2} - \frac{\sqrt{\ddot{\theta} t_f^2 - 4\ddot{\theta}(\theta_f - \theta_0)}}{2\ddot{\theta}}$$

由上式可知，为保证 t_a 有解，加速度值 $\ddot{\theta}$ 必须选得足够大，即

$$\ddot{\theta} \geq \frac{4(\theta_f - \theta_0)}{t_f^2}$$

当该不等式中的等号成立时，轨迹线性段的长度缩减为零，整个轨迹由两个过渡域组成，这两个过渡域在衔接处的斜率（关节速度）相等；加速度 $\ddot{\theta}$ 的取值越大，过渡域会变得越短，若加速度趋于无穷大，轨迹会复归到简单的线性插值情况。

用抛物线过渡的线性函数插值进行轨迹规划的物理概念非常清楚，即如果机器人每一关节电动机采用等加速、等速和等减速运动规律，则关节的位置、速度、加速度随时间变化的曲线如图 4-17 所示。

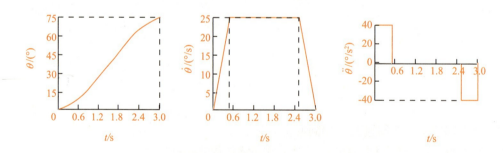

（a）加速度较大时的位移、速度、角速度曲线

图 4-17 带有抛物线过渡的线性插值

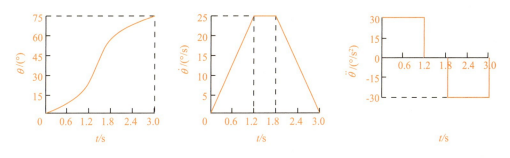

（b）加速度较小时的位移、速度、角速度曲线

图 4-17 （续）

5. 过路径点的用抛物线过渡的线性插值

若某个关节的运动要经过一个路径点，则可采用带抛物线过渡域的线性路径方案。如图 4-18 所示，关节的运动要经过一组路径点，用关节角度 θ_i、θ_j 和 θ_k 表示其中三个相邻的路径点，以线性函数将每两个相邻路径点相连，而所有路径点附近都采用抛物线过渡。图中在 k 点的过渡域的持续时间为 t_k；点 j 和点 k 之间的线性域的持续时间为 t_{jk}；连接 j 和 k 点的路径段的全部持续时间为 t_{djk}。另外，j 和 k 点之间的线形域速度为 $\dot{\theta}_{jk}$，j 点过渡域的加速度为 $\ddot{\theta}_j$。接下来我们解决如何确定有抛物线过渡域的线性轨迹。

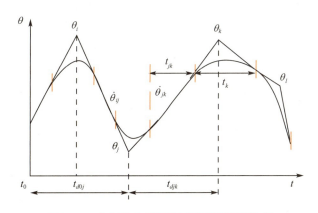

图 4-18 多段带有抛物线过渡域的线性轨迹

与用抛物线过渡的线形插值相同，这个问题的解有很多。每一个解便对应一个选取的加速度值。给定任意路径点的位置 θ_k，持续时间 t_{djk} 以及加速度的绝对值 $|\ddot{\theta}_k|$，可以计算出过渡域的持续时间 t_k。对于那些内部路径段（j、$k \neq 1, 2$；j、$k \neq n-1, n$），可以根据下列方程求解：

$$\begin{cases} \dot{\theta}_{jk} = \dfrac{\theta_k - \theta_j}{t_{djk}} \\ \ddot{\theta}_k = \mathrm{sgn}(\dot{\theta}_{kl} - \dot{\theta}_{jk})|\ddot{\theta}_k| \\ t_k = \dfrac{\dot{\theta}_{kl} - \dot{\theta}_{jk}}{\ddot{\theta}_k} \\ t_{jk} = t_{djk} - \dfrac{1}{2}t_j - \dfrac{1}{2}t_k \end{cases}$$

第一个路径段和最后一个路径段的处理与上式多有不同，因为轨迹端部的整个过渡域的持续时间都必须计入这一路径段内。对于第一个路径段，令线性域速度的两个表达式相等，就可以求出 t_1：

$$\frac{\theta_2 - \theta_1}{t_{d12} - \dfrac{1}{2}t_1} = \ddot{\theta}_1 t_1$$

对于最后一个路径段，路径点 $n-1$ 与终止点 n 之间的参数与第一个路径段相似，即

$$\frac{\theta_{n-1} - \theta_n}{t_{d(n-1)n} - \dfrac{1}{2}t_n} = \ddot{\theta}_n t_1$$

应该注意到：各路径段采用抛物线过渡域线性函数所进行的规划中，机器人的运动关节并不能真正到达那些路径点，即使选取的加速度充分大，实际路径也只是十分接近理想路径点。如果要求机器人途经某个节点，那么将轨迹分成两段，把此节点作为前一段的终止点和后一段的起始点即可。

如果用户要求机器人通过某个节点，同时速度不为零，可以在此节点两端规定两个"伪节点"，令该节点在两个伪节点的连线上，并位于两过渡域之间的线性域上，如图4-19所示，这样，利用前面所述方法所生成的轨迹势必能以一定的速度穿过指定的节点。穿过速度可由用户指定，也可由控制系统根据适当的启发信息来确定。

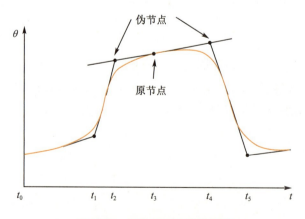

图4-19　用伪节点的插值曲线

4.4 轨迹的实时生成

4.3 节的计算结果即构成了机器人的轨迹规划。运行中的轨迹实时生成是指由这些数据，以轨迹更新的速率不断产生 θ、$\dot{\theta}$ 和 $\ddot{\theta}$ 所表示的轨迹，并将此信息送至机器人的控制系统。

4.4.1 轨迹生成方式

运动轨迹的描述或生成主要包含以下几种方式。

1. 示教—再现运动

这种运动由人手动给机器人进行示教，然后定时记录各个关节变量，得到沿路径运动时各关节的位移时间函数 $q(t)$；再现时，按内存中记录的各点的值产生序列动作。

2. 关节空间运动

这种运动直接在关节空间里进行。由于动力学参数以及其极限值直接在关节空间里描述，所以用这种方式求最短时间运动就很方便。

3. 空间直线运动

这是一种直角空间里的运动，它便于描述空间操作，计算量小，适宜简单的作业。

4. 空间曲线运动

这是一种在描述空间中用模拟明确的函数表达的运动，如圆周运动、螺旋运动等。

4.4.2 关节空间轨迹的生成

前文中介绍了几种关节空间轨迹规划的方法，按照这些方法，其计算结果都是有关各个路径段的数据。控制系统的轨迹生成器利用这些数据以及轨迹更新速率可具体计算出 θ、$\dot{\theta}$ 和 $\ddot{\theta}$。

对于三次样条，轨迹生成器只需随 t 的变化不断地计算 θ、$\dot{\theta}$ 和 $\ddot{\theta}$。当到达路径段的终点时，调用新路径段的三次样条系数，重新赋 t 为零，继续生成轨迹。

对于带抛物线过渡的直线样条插值，每次更新轨迹时，应首先检测时间 t 的值以判断当前处于路径段的线性域还是过渡域。处于线性域时，各关节的轨迹按下式计算：

$$\begin{cases} \theta = \theta_j + \dot{\theta}_{jk} t \\ \dot{\theta} = \dot{\theta}_{jk} \\ \ddot{\theta} = 0 \end{cases}$$

式中，t 是从第 j 个路径点算起的时间；$\ddot{\theta}_{jk}$ 的值在轨迹规划时由过路径点的用抛物线过渡的线性插值算出。

处于过渡域时，各关节轨迹按照下式进行计算：

$$\begin{cases} \theta = \theta_j + \dot{\theta}_{jk}(t - t_{inb}) + \frac{1}{2}\ddot{\theta}_k t_{inb}^2 \\ \dot{\theta} = \dot{\theta}_{jk} + \ddot{\theta}_k t_{inb} \\ \ddot{\theta} = \ddot{\theta}_k \end{cases}$$

式中，$t_{inb} = t - \left(\frac{1}{2}t_j + t_{jk}\right)$。在进入新的线性域时，重新把 t 置为 $\frac{1}{2}t$，利用该路径段的数据，继续生成轨迹。

【知识评测】

1. 选择题

（1）下列哪种路径控制可以使机器人末端执行控制器快速到达目标位置？（　　）
A. 不插补　　　　　B. 关节插补　　　　C. 空间直线插补　　　D. 空间曲线插补

（2）下列哪类运动在描述空间中用模拟明确的函数表达的运动？（　　）
A. 示教—在线　　　B. 关节空间运动　　C. 空间直线运动　　　D. 空间曲线运动

2. 填空题

路径控制的方式主要分为两大类，即_____和_____。

3. 简答题

（1）什么是轨迹规划？简述轨迹规划的方法和对应的特点。

（2）设一个机器人具有 5 个转动关节，其关节运动均按照三次多项式进行规划，要求经过两个中间路径点后停在一个目标位置。试问欲描述该机器人关节的运动，共需要多少个独立的三次多项式？要确定这些多项式，需要多少个系数？

第 5 章　工业机器人控制系统

 5.1　工业机器人传感器技术

工业机器人的传感与感知相当于人类的神经感知，利用传感器，不仅可以感知外部条件，还可以实现自身内部部件间的沟通。工业机器人通过各传感器之间的协调工作，将其内部信息和环境信息从信号转变为自身或者其他设备能理解和沟通的数据信息。工业机器人的传感与感知系统有利于保证机器人工作的稳定性和可靠性，与机器人控制系统组成机器人的核心。本章将依照由内而外、由小到大的层次顺序，介绍工业机器人常见的传感器以及传感器系统。

国家标准 GB 7665—1987 对传感器的定义是：能感受规定的被测量并按照一定的规律（数学函数法则）转换成可用信号的器件或装置，通常由敏感元件和转换元件组成。工业机器人的传感器按照使用位置，可分为内部传感器和外部传感器。

5.1.1　工业机器人内部传感器

内部传感器是安装在机器人本体或控制系统内的，用于感知机器人内部状态，以辅助并控制机器人的行动。内部传感器主要有位置和位移、速度传感器。另外，温度传感器、湿度传感器也常作为内部传感器使用。

1. 编码器

编码器（图 5-1）是将信号或数据进行编制，并转换为可用于通信、传输和存储的信号形式的设备，在工业机器人中常被用作测量运动位置、位移及速度的内部传感器。在具体应用场景中，编码器主要把角位移或线位移转换成电信号，前者称为码盘，后者称为码尺。按照编码拾取元件与码盘是否接触，可以分为接触式编码器和非接触式编码器；按照工作原理的不同，又可以分为光电编码器和磁电编码器。

磁电编码器采用磁阻或者霍尔元件对变化的磁性材料的角度或者位移值进行测量，磁性材料角度或者位移

图 5-1　编码器

的变化会引起一定电阻或者电压的变化,经放大电路对变化量进行放大,单片机处理后输出脉冲信号或者模拟量信号,达到测量的目的。

光电编码器是一种将输出轴上的位移量,通过光电转换成脉冲或数字量的传感器。光电编码器首先把被测量(角位移和直线位移)的变化转换成光信号的变化,然后借助光电元件进一步将光信号转换成电信号,最后以数字代码输出达到测量目的。光电编码器由光栅盘和光电检测装置组成,按信号采集原理可以分为增量式光电编码器、绝对式光电编码器和混合式光电编码器。工业机器人关节轴上配备的光电编码器一般为绝对式光电编码器。

(1)增量式光电编码器

增量式光电编码器结构(图5-2)由光源、码盘、检测光栅、光电检测器件和转换电路组成。码盘上相邻的两个节距相等的辐射状透光缝隙夹角代表一个增量周期;检测光栅上刻有同心的A相、B相两层光栅,在编码盘上互相错开半个节距,如图5-3所示。在A相光栅与B相光栅上分别有间隔相等的透明和不透明区域,用于透光和遮光。码盘随电机转动时,光电检测元件将接收到周期变化的光信号,经电路转为周期性电信号,从而将角位移或直线位移以脉冲数的形式输出。脉冲频率则可换算为电机转速。

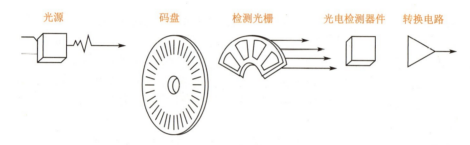

图5-2 增量式光电编码器结构示意图

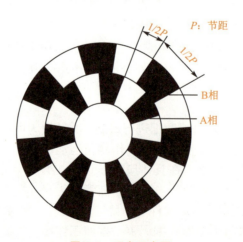

图5-3 码盘示意图

增量式光电编码器利用光电转换原理输出A、B和Z相三组方波脉冲;其中A、B两组脉冲是经过倍频逻辑电路对光电转换信号处理过的,存在相位差(4倍频电路时相位差为 90°），两组信号的相位差用于判断电机的旋转方向；而 Z 相则为计数脉冲，为每圈一个的零位脉冲信号，用于基准点定位。增量式光电编码器的脉冲信号如图 5-4 所示，当码盘逆时针方向旋转时，A 相超前 B 相 90° 的相位角（1/4 周期），产生近似正弦的信号。这些信号被放大、整形后成为脉冲数字信号。

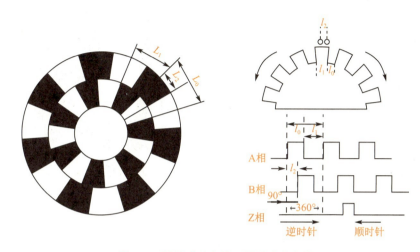

图 5-4　增量式光电编码器的脉冲信号

　　增量式编码器的分辨率（分辨角）以轴转动一周所产生的输出信号的基本周期数来表示，即每转脉冲数（PPR）。码盘旋转一周输出的脉冲信号数目取决于透光缝隙数目的多少，码盘上刻的缝隙越多，编码器的分辨率就越高。假设码盘的透光缝隙数目（线数）为 n 线，则此增量式编码器的分辨率为 nPPR。

　　编码器的脉冲周期的计算方法为 $360°/n$，经过 A、B 两相 4 倍频（倍频由倍频逻辑电路实现，一般得到 2 倍频或 4 倍频的脉冲信号，从而进一步提高编码器精度）后，可获得的编码器精度为 $360°/4n$。如有 100 个透光缝隙，则此时分辨率为 100PPR，精度为 0.9°。

　　在工业应用中，根据不同的应用对象，通常可选择分辨率为 500PPR~6 000PPR 的增量式光电编码器。在交流伺服电动机控制系统中，通常选用分辨率为 2 500PPR 的编码器。

　　增量式光电编码器的优点是原理构造简单，机械平均寿命可在几万小时以上，抗干扰能力强，可靠性高，适合于长距离传输。美中不足的是无法输出轴转动的绝对位置信息。增量式光电编码器广泛应用于数控机床、回转台、伺服传动等装置和设备中。

　　（2）绝对式光电编码器

　　绝对式光电编码器结构如图 5-5 所示，主要由多路光源、光敏元件和编码盘组成。码盘处在光源与光敏元件之间，码盘轴与电动机轴相连，随电动机的转动而旋转。绝对式编码器是利用自然二进制或循环二进制（格雷码）等编码进行光电转换，如图 5-6 所示为自然二进制编码盘。码盘上有 n 个同心圆环码道，整个圆盘又以一定的编码形式（例如自然二进制编码）分为若干个（$2n$）扇形区段。每个扇形区段含 n 个有黑有白的小区段，黑色区段不透光，白色区段透光。编码器码盘上码道的数目，代表编码器的位数（位数越大，编码器精度越高，目前机器人使用的编码器位数多为17位）。扇形区段数目$2n$即为编码器分辨率，则编码器精度为$360°/2n$。如有10个码道，则此时角度分辨率可达$0.35°$。在应用中通常须考虑伺服系统要求的分辨率和机械传动系统的参数，以选择码道数目合适的编码器，目前市场上使用的光电编码器的码道数大多为4~18道。

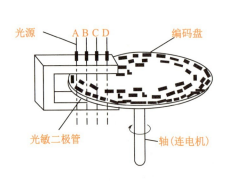

图 5-5 四位绝对式光电编码器　　图 5-6 四位绝对式光电编码器码盘

绝对式光电编码器与增量式编码器的不同之处在于圆盘上透光和不透光的线条图形，绝对式编码器可有若干编码，根据读出的码盘上的编码，检测绝对位置。编码的设计可采用二进制码、循环码、二进制补码等方法。绝对式编码器分单圈绝对式和多圈绝对式。其特点有：可以直接读出角度坐标的绝对值；没有累积误差；电源切除后位置信息不会丢失。绝对式光电编码器常被安装在工业机器人关节轴的电机上，用来实现对机器人关节轴位置和位移的测量。

2. 温度传感器

温度传感器是利用热敏电阻的阻值随温度变化的特性，将非电学的物理量转换为电学量，从而实现温度精确测量与自动控制的半导体器件。按其测量方式，可分为接触式和非接触式两大类；按照传感器材料及电子元件特性，又可分为热电阻和热电偶两大类。

电机温度传感器，也叫电机温控器，是工业机器人内部常用的温度传感器，如图5-7所示。其作用是当电机温度上升时，自动断开控制电路，当温度下降到一定值时，自动复位，从而使电机不会因为高温而烧坏。

图 5-7 电机温度传感器

另外，工业机器人对工作环境的温度是有一定的要求的。当工业机器人处于恶劣环境下，则可能无法正常完成各项作业。例如在低温下工作时，工业机器人控制系统的电路板可能会受到影响，从而影响到机器人的工作精度。因此，温度传感器也可用于工业机器人控制系统内部或工作环境中，用于监测工作环境温度，保障其工作精度。

3. 湿度传感器

湿度传感器（图5-8）可以实现对湿度的检测。湿敏元件是最简单的湿度传感器（图5-9），主要有电阻式、电容式两大类。湿敏电阻的工作特点是在基片上覆盖一层用感湿材料制成的膜，当感湿膜吸附到空气中的水蒸气时，元件的电阻率和电阻值都发生规律性变化。利用这一特性，湿敏电阻便可测量湿度。湿敏电容一般是用高分子薄膜电容制成的，常用的高分子材料有聚苯乙烯、聚酰亚胺、酪酸醋酸纤维等。当环境湿度发生改变时，湿敏电容的介电常数发生变化，会改变其电容量。湿敏电容的电容变化量与相对湿度成正比，从而达到测量湿度的目的。

图 5-8　湿度传感器

图 5-9　湿敏元件

与温度传感器一样，湿度传感器也是用来感知工业机器人的工作环境条件的，通常被安置在机器人控制系统内部或工作环境中，从而对机器人工作环境的湿度进行监测。

5.1.2　工业机器人外部传感器

机器人外部传感器用于监测环境及目标对象的状态特征，是机器人与外界交互的桥梁，使机器人对环境有识别、校正和适应能力，例如使机器人感知目标是什么物体，离物体的距离是多少，是否已抓取住物体等。外部传感器主要包括视觉传感器、力觉传感器、触觉传感器、距离传感器、防爆传感器等。

1. 视觉传感器

视觉传感器是利用光学元件和成像装置获取外部环境图像信息的器件，可以将外界物体的光信号转换成电信号，进而将接收到的电信号经模数转换（A/D 转换）成为数字图像输出。视觉传感器被广泛应用于产品检验和分拣，例如在汽车制造厂，机器人可同时携带视觉传感器和胶枪，一边为车门边框涂胶，一边进行胶线合格性检验；再如在包装生产线上，利用视觉传感器保障粘贴标签位置正确；等等。在实际生产中，最常见的视觉传感器为 CCD 图像传感器，它是工业相机的核心部件。

CCD 图像传感器（图 5-10）是一种半导体器件，可以将它看作一种集成电路，感光元件整齐地排列在半导体材料上面，能感应光线。CCD 就像传统的胶片一样可以用来承载图像，但它也能够把光学影像转换成数字信号。近年来，3D 视觉的应用更加扩展了工业机器人的应用场景，3D 视觉的应用让机器人对作业对象的位置感知由平面进阶到三维空间，作业区域更加立体化。

图 5-10　CCD 图像传感器与工业相机

机器视觉系统是利用机器代替人眼的功能,实现对外界物体的测量和判断的系统。工业相机是机器视觉系统的重要组成部分和主要信息来源,其功能主要是获取机器视觉系统需处理的原始图像。如图5-11所示,机器视觉系统的工作包括:图像输入、图像处理、图像输出三部分,其中视觉传感器实现对外界物体的图像采集,以完成图像输入。系统对原始图像进行分析判断后,将分析结果输出到控制系统中上位机或某些执行机构(机器人),以完成后续作业。常见的与视觉系统结合使用的设备有PLC、PC、工业机器人等。

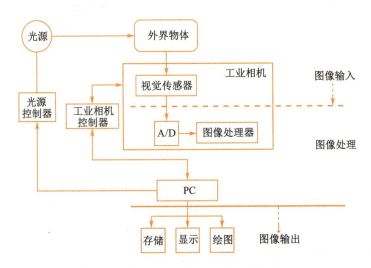

图5-11 机器视觉系统与PC联合工作原理图

在工业机器人与机器视觉集成的系统(即机器人视觉系统,也称手眼系统)中,机器人通过工业相机获取环境中的图像,并经视觉处理器进行处理和分析后,转换为能让机器人识别的信息,确定物体的位置或状态。根据视觉传感器安装位置的不同,可分为Eye-in-Hand(EIH)系统和Eye-to-Hand(ETH)系统。EIH系统中的视觉传感器安装在机器人手部末端,会跟随机器人运动,完成机器人运动过程中的图像采集;而ETH系统中的视觉传感器安装在某一固定位置,对固定范围内的物体进行图像采集。

视觉传感器在工业机器人视觉系统中,充当机器人的眼,与机器人密切合作,实现对物体位置的准确掌握和对物体的精确操作。工业机器人视觉系统可被应用在自动定位锁紧螺丝、自动定位贴装PCB板元器件、汽车行业中自动定位装配等需自动定位作业的场合。

视觉传感器的精度通常用图像分辨率来描述,其精度与分辨率有关的同时,还与被测物体的检测距离有关(距离越远,精度越差)。

2. 力觉传感器

本书中的力觉是指对机器人在运动中对所受力的感知,主要包括:腕力觉、关节力觉和机座力觉等。力觉传感器是测量作用在机器人上的外力和外力矩或驱动装置输出力和力矩的传感器,根据被测负载维数的不同,可以把力觉传感器分为测力传感器(单维传感器,测量作用力的分量)、力矩传感器(单维传感器,测量作用力矩分量)和多维力觉传感器(常见为六维传感器),如图5-12所示。

力觉传感器作为外部传感器使用时主要有以下功能。

（1）称量物体

利用力觉传感器可识别多个外观相似但质量不同的物体（图 5-13 所示为根据质量识别红蓝工件）或感知末端执行器上持有的物体是否已经掉落。

图 5-12　六维力觉传感器

图 5-13　称量物体

（2）提供恒力

在某些工艺中，需要保持机器人输出恒定的力或力矩，在力觉传感器反馈信息的辅助下，机器人能合理地控制作业力和力矩，例如装配过程中的拧紧力、搬运时的抓紧力、研磨时的砂轮进给力等。

（3）防止碰撞

工业机器人在工作过程中，由于工作空间布置结构的多样化，机械臂难免会与周围环境的障碍物发生碰撞，当碰撞力过大时，容易伤害到机械臂和操作人员。机器人在发生或即将发生碰撞时，为了避免导致意外伤害，可以采取切断电源的措施，停止其动作。力觉传感器可通过感知力或力矩的异常变化，识别是否会发生碰撞。这类传感器通常被称为防碰撞传感器（图 5-14），在机器人发生碰撞时，传感器会检测碰撞强度，达到传感器工作极限时，触发电信号，切断电源使得机器人停止工作。将机器人移开碰撞位置后，防碰撞传感器会自动复位。

图 5-14　防碰撞传感器

如图 5-15 所示为工业机器人末端的防碰撞传感器，一般安装在机器人手部末端和末端执行器之间，主要用来保护机器人的末端执行器和避免对机械臂过大的作用力矩。在机器人工作过程中，当末端执行器与障碍物发生碰撞时，传感器工作，以停止机器人的动作。

力觉传感器也可在工业机器人关节驱动装置上使用，传感器可测量驱动装置的输出力和力矩，反馈控制过程中力的大小。目前出现的六维力觉传感器可实现全方位力学信息的测量，提供实时的三维力和三维力矩，可用于机器人多手协作、柔性装配和拖动示教等。

3. 触觉传感器

触觉是与外界环境直接接触时的一种感觉，是接触、冲击、压迫等机械刺激感觉的综合。触觉传感器是机器人中用于模仿人的触觉功能的传感器。一般把检测感知和外部直接接触而产生的接触觉、压觉、力觉、滑觉及接近觉（图5-16）的传感器称为机器人触觉传感器。触觉传感器通过利用触觉可进一步感知物体的形状、硬度等物理性质，还可以用来辅助完成机器人的抓取动作。

图5-15　工业机器人末端的防碰撞传感器

随着工业机器人技术的智能化发展，工业机器人被应用于各类自动装配线上。这些被应用于装配生产线上的工业机器人有时需要具备感知抓取物体性状的能力（例如食品生产线），进而推动了机器人触觉传感器技术的发展。触觉传感器从简单的接近开关发展到多传感元件阵列的仿人皮肤型的传感器，使得机器人在响应速度和工作精度等方面得到大幅度提升。

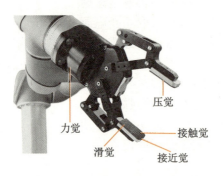

图5-16　机器人触觉示意图

（1）接触觉

接触觉传感器（touch sensor）用于检测机器人是否接触到外界环境或测量被接触物的特征。其一般装于机器人的运动部件或末端执行器上，可以用来判断机器人部件是否和对象物体接触，可实现对物体的抓取或防止碰撞，确保运动准确性。接触觉传感器如需具有较好的感知能力，就必须具有柔性、易于变形、便于和物体接触的特点。常见的接触觉传感器有微动开关式、导电橡胶式、含碳海绵式、碳素纤维式等。

接触觉传感器可用于机器人对物体位置的探测和自身安全保护。例如图 5–17 所示压电橡胶接触觉机器人共有 4 个自由度，手部装有压电橡胶接触觉传感器。如图 5–18 所示，机器人在其扇形截面柱状操作空间中进行搜索，假如在①位置遇到障碍物，则手爪上的接触觉传感器就会发出停止前进的指令，使手臂向后缩回一段距离到达②位置。如果已避开障碍物，则继续前进至③，伸长到④，再运动到⑤处与障碍物再次相碰。根据①、⑤的位置，计算机可以判断出被搜索物体的位置。最后按⑥、⑦的顺序接近就能对搜索的目标物进行抓取。

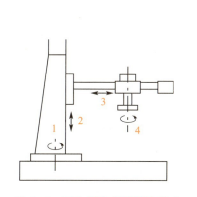

图 5–17 压电橡胶接触觉机器人　　图 5–18 扇形截面柱状操作空间

（2）接近觉

接近觉是指机器人在距离对象物体或障碍物几毫米，甚至十几厘米时，就能检测出对象物体的距离、倾斜角和表面特征等。接近觉传感器一般为非接触式，按传感方式可分为电磁式（感应电流式）、光电式（反射或透射式）、静电容式、气压式、超声波式和红外线式，如图 5–19 所示。机器人在运动过程中须感知周围物体的位置，并与其保持安全的距离，保证工作过程的安全。接近觉传感器用于检测物体接近程度，一般用在移动机器人及大型机器人的机械夹手上，用来辅助机器人完成对物体的躲避和抓取。

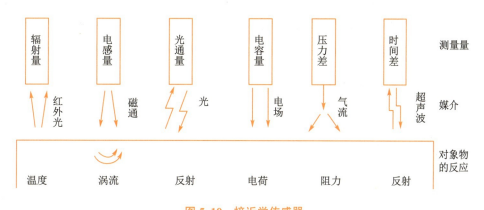

图 5–19 接近觉传感器

电磁式（感应电流式）接近觉传感器利用线圈通电产生磁场，当接近金属物时，会产生感应电流（涡流），涡流大小会随线圈和金属物距离的大小而变化，在变化反作用下，又会影响线圈内的磁场强度。这种传感器便是根据电流变化和线圈电感变化实现感知的，可以在高温环境中使用。实际应用中，其工作对象是金属部件，例如焊接机器人中焊缝的探测。

光电式（反射或透射式）接近觉传感器利用光的反射和透射来实现感知，但光的反射和透射会受到对象物体的颜色和表面特征（粗糙度、倾角）的影响，精度差，应用范围小。

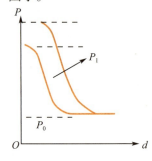

图 5-20 压力与距离关系图

静电容式接近觉传感器的电容会根据传感器表面与对象物体表面距离的变化而变化，利用此原理实现感知检测距离。

气压式接近觉传感器的原理是由末端执行器喷嘴喷出气流，传感器感知气体压力发生变化（如果喷嘴靠近物体则气压较大）而实现感知检测。如图 5-20 所示曲线表示在同气压 P_1 下，压力 P 与距离 d 之间的关系。非金属物体的检测，甚至于测量微小间隙都可以用气压式接近觉传感器。

（3）压觉

压觉传感器（pressure sensor）是用于感知被接触物体压力值大小的传感器。压觉传感器又称为压力觉传感器，通常用于手部握力的检测，可以视为触觉传感的延伸，按检测方法，可以分为直接检测式和间接检测式。直接检测是直接感知与接触物体间的压力变化，间接检测是利用形变检测器将压力造成的变形量转换为压力值。用于直接检测的压觉传感器会在触点上附加一层导电橡胶，在基板上装集成电路，将压力的变化信号经集成电路处理后输出，如图 5-21 所示。

（4）滑觉

机器人在工作过程中，假如夹持力小于使物体不产生滑动所需的最小临界值，被夹持的物体会产生滑动进而脱落。如果能在夹持物产生滑动的同时，便检测出滑动且增加夹持力，就能使物体停止滑动且能用最小的临界力夹持住物体，在保证工作平稳的同时，还能减少对夹持物表面的损坏。滑觉传感器便是实现这一功能的传感器，其可以用于检测机器人末端执行器与夹持物体间的滑动量。如图 5-22 所示为一种测振式滑觉传感器，其尖端检测头接触被夹持物体，由杠杆将振动传向磁铁，磁铁随之振动，在线圈中感应交变电流并输出。此传感器中的油阻尼和阻尼橡胶有利于将滑动信号从噪声中分离出来。

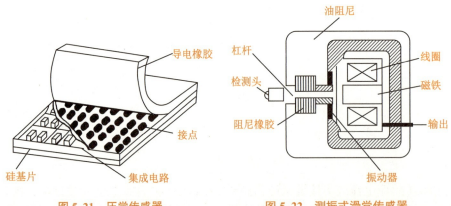

图 5-21 压觉传感器　　　　图 5-22 测振式滑觉传感器

机器人对物体的夹持方式根据施力的大小可分为零力夹持、柔力夹持和刚力夹持三种。零力夹持只要求机器人能感觉到物体的存在,主要用于探测物体、识别物体的尺寸和形状等。柔力夹持要求机器人根据物体和工作任务的不同,使用适当的夹持力控制物体,即夹持力是可变或自适应的。刚力夹持的机器人在工作过程中夹持力不会发生改变,使用固定的力(通常为最大值)夹持物体。对应不同的夹持方式,选用不同灵敏系数的滑觉传感器,例如柔力夹持的机器人对滑觉传感器工作灵敏度要求与刚力夹持相比更高。对应不同的工作对象,也可选择不同的滑觉传感器类型。例如滚轮式传感器只能检测一个方向上的滑动,对于存在多向滑动的工作场合,可以选择球形滑觉传感器。

4. 距离传感器

距离传感器通过发射光脉冲并测量其被物体反射回来的时间,通过测得的时间间隔计算出到物体的距离,达到检测目的。根据不同的工作原理,距离传感器可分为光学距离传感器、红外距离传感器、超声波距离传感器、激光测距传感器等多种。日常生活中常见的距离传感器的应用便是汽车车身上的倒车雷达,其使用的大多是超声波传感器(图5-23)。不同类型的距离传感器的发射物质不同,例如光学距离传感器发射的物质是光脉冲,但测距原理基本相同。

距离传感器在工业机器人上的应用

(a)传感器实物

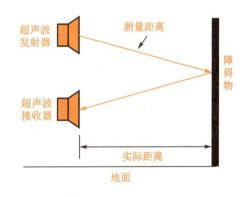

(b)超声传感原理

图 5-23 超声波距离传感器

距离传感器的功能与接近觉传感器近似,接近觉传感器探测的距离范围从几毫米到几十厘米,而距离传感器的测距范围从几十厘米到数米。距离传感器的作用更侧重于发现障碍物并规避障碍物,以及实现对机器人运动路径的导航。

5. 防爆传感器

工业机器人应用范围广泛,在某些领域应用的机器人需要接触易燃易爆的物体(气体、粉末等),当这些物体达到一定浓度时或者温度升高时,只要接触到电火花、助燃剂,就会导致爆炸。在工业生产中,这类环境下工作的机器人通常会配置防爆传感器,以保障机器人的正常工作和生产安全。防爆传感器(图5-24)在机器人工作过程中实时监测空气中易燃易爆物的浓度,当检测到浓度超标时,传感器将给出电信号,断开电源,从而达到防爆目的。

图 5-24 防爆传感器

例如汽车喷涂车间的工业机器人，其工作环境是密闭的，且涂料多为易燃易爆物，故在喷涂机器人上通常会安装防爆传感器，通过该传感器实时监测空气中的涂料浓度。喷涂机器人工作过程中，当检测到涂料浓度超过设定值时，传感器将发出警报并切断电源，防止发生爆炸。

6. 其他外部传感器

除了上面介绍的几类机器人外部传感器，在生产应用中，还可以根据工业机器人的特殊作业要求安装听觉、嗅觉等传感器。机器人配置听觉传感器可以使其具有声音识别能力，用声音代替键盘和示教器，控制机器人完成相关操作。在高温、放射线、可燃气体等恶劣的作业环境中的机器人配置嗅觉传感器，可以使其在恶劣环境中代替人工检测环境中的放射线和有毒气体。但是目前这些传感器的应用技术还不够成熟，并没有得到广泛使用。

5.1.3 多传感器系统

随着智能化脚步的前进，单传感检测系统已无法满足智能化生产需求。因此，多传感器系统的研究得到重视。多传感器系统的引入可以使机器人拥有一定的智能，从而有效提高其对环境的认知水平。

多传感器系统的应用

1. 多传感器融合的体系结构

多传感器系统就是将多种传感器收集并提供的多个对象的相关信息，集合到一起进而分析的系统。多传感器系统的核心问题是信息的综合，最初根据多传感器系统中信息综合级分类，可分为集中式和分布式系统。但随着多传感器系统的发展，这种分类方法逐渐出现概念不清晰的趋势，影响了多传感器系统的设计和分析，故出现了根据多传感器系统的信息流通形式和处理层次进行分类的方式，主要有：集中式、分布式、分级式、混合式和多级式。

（1）集中式

集中式多传感器系统是一种在单传感器系统的基础上直接发展起来的系统形式。如图 5-25 所示，在该系统中的各传感器将探测到的信息直接送到数据处理中心，由中心计算机进行综合处理。集中式多传感器系统的数据处理精度高，算法灵活，但是其对中心计算机的要求极高、可靠性低。

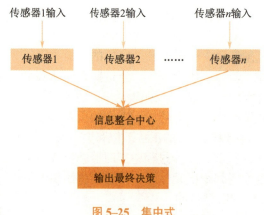

图 5-25 集中式

（2）分布式

如图 5-26 所示，分布式多传感器系统不存在单独的中心处理站，其先对各个传感器的数据进行局部的处理，然后再将结果送入信息融合中心进行综合和优化处理。分布式传感器系统的可靠性好，但是跟踪精度比集中式低。分布式传感器系统根据信息融合方式的不同，还可以进一步分为完全分布式和集中分布式。前者是带反馈的分布式信息融合，后者是不带反馈的分布式信息融合。

（3）分级式

分级式多传感器系统的局部处理节点可实现一组传感器的局部监测和跟踪，然后将局部处理后的信息传送到系统中心，中心将各个局部处理节点的数据进行融合后，形成全局分析处理。系统中心到局部节点存在反馈，反馈的信息给到局部节点，作为局部处理的初始条件。分级式多传感器系统按局部节点传感器的个数，还可以细分为完全分级式（一个节点仅一个传感器）和集中分级式（一个节点有多个传感器）。

（4）混合式

混合式多传感器系统中，信息的处理结构既包括分布式结构处理，又含有分级式结构处理。如图 5-27 所示，具体的体现形式有两种，一种是先分布后分级，另一种是先分级后分布。先分布后分级的混合式传感器系统中，局部处理节点是分布式的，通常在邻近的节点间存在信息的传送或接收，并且最终所有的局部节点信息都将合成到一个共同的节点进行处理。先分级后分布的混合式传感器系统中，每个局部节点都是某一组传感器的中心处理节点，这些中心处理节点以分布式连接，且按一定规则进行信息的传送。混合式传感器系统集合了分布式和分级式系统的优点，将两者之间进行结合，互相弥补，提高了系统的性能。但同时也提高了系统的造价，系统的数据变大，总的可靠性也因此降低。

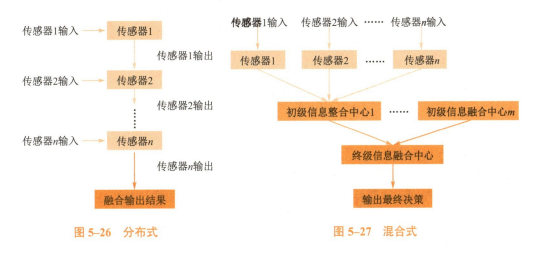

图 5-26　分布式　　　　　　　图 5-27　混合式

（5）多级式

多级式多传感器系统中的信息经过两级以上处理，此类系统中的信息处理节点既可以是分布式、分级式、混合式的局部节点，又可以是分级式、混合式的合成节点。例如 I_k 是多级传感器系统的第 I 级的第 k 个节点，此节点可以是一个分布式、分级式、混合式的局部节点，也可以是一个分级式、混合式的合成节点，受其父级和子级的制约。系统中第 $I+1$ 级为它的子级，$I-1$ 级为其父级。

2. 多传感信息融合的分类

多传感信息融合主要分为三大类，分别为数据级融合、特征级融合和决策级融合。

（1）数据级融合

如图 5-28 所示为数据级融合示意图，此类融合方式针对传感器采集的数据，依赖于传感器的类型，进行同类数据的融合。数据级的融合要处理的数据都是在相同类别的传感器下采集，所以数据融合不能处理异构数据。

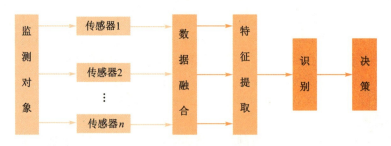

图 5-28 数据级融合示意图

（2）特征级融合

如图 5-29 所示为特征级融合示意图，特征级融合提取所采集数据包含的特征量，用来体现所监测物理量的属性，这是面向监测对象特征的融合。比如，在图像数据的信息融合中，可以采用边沿的特征信息来代替全部数据信息。

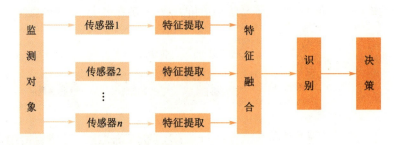

图 5-29 特征级融合示意图

（3）决策级融合

如图 5-30 所示为决策级融合示意图，决策级融合根据特征级融合所得到的数据特征，进行一定的判别、分类以及简单的逻辑运算，根据应用需求进行较高级的决策，属于高级的融合方式。决策级融合是面向应用的融合。

3. 工业机器人中的多传感器系统

工业机器人在工业生产中，对位移、速度、加速度、角速度、力等都有一定的要求，多传感器系统可以将各传感器探测到的物理量信息融合，对机器人的工作环境进行建模、决策控制及反馈，实现对机器人的动作进行精准控制和自动化生产。

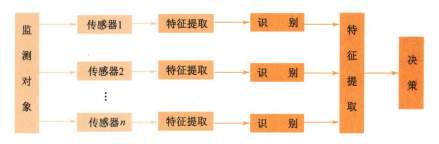

图 5-30 决策级融合示意图

工业机器人多传感器系统中的信息融合，就是将安装在机器人不同位置的传感器收集到的数据进行融合，实现系统对被控对象的有效控制。即在工业机器人中使用多种不同的传感器，获得环境中的多种特征，通过各传感器对局部和全局的监测和跟踪，实现机器人对工作环境的确切认知。如图 5-31 所示，在机器人系统中同时装有视觉传感器、触觉传感器、距离传感器和力觉传感器，然后结合能将各传感器探测、收集到的信息进行综合处理、决策及反馈的中心计算机等组成一个多传感器系统的工业机器人进行机械产品的装配。在工作过程中，机器人的各传感器不断地收集、反馈信息，由传感器系统控制中心进行分析和处理，达到控制机器人精准实现产品装配的目的。

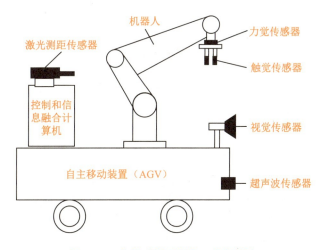

图 5-31 多传感器系统与工业机器人

这种将多传感器系统与工业机器人搭配的组合，在工业生产中已经得到推广使用，如电子产品装配、机械产品装配、加工制造业和产品检验等。

5.2 工业机器人的控制技术

系统泛指由一群有关联的个体组成，根据某种规则运作，能完成个体元件不能单独完成的工作的群体。系统这个概念非常简单，但是由于这个术语通用性很高，所以我们经常用这个词来描述一切含有相关组件的整体。在研究控制理论时，我们关注的问题就变成我正在控制什么系统？我想让这个系统怎样工作？毫无疑问，本书中所感兴趣的系统是整个工业机器人系统，该系统中包括与工业机器人正常运作相关的所有组件，如本书前面提到的机器人本体、控制柜、传感器、末端执行器等。本节中我们将要讨论的控制系统，就是用于控制整个工业机器人的系统——工业机器人控制系统。

5.2.1 工业机器人的控制系统结构

1. 什么是控制系统

控制系统是为了达到预期目标而设计制造的，由控制主体、控制客体和控制媒体组成的具有自身目标和功能的管理系统。

控制系统能够改变一个系统的行为或状态。鉴别一个系统是否为控制系统的重要条件就是：它是否能使系统的未来动作（结果）趋于一个特定的状态。也就是说，系统设计者必须经过系统分析，明确系统需要做什么，然后设计你的控制系统来得到你想要的结果。

系统分析的基础认定系统各部分之间存在因果关系。因此，受控元件、受控对象或者受控过程可以用图 5-32 来表示，其中的输入–输出关系就表示了该过程的因果关系，也就是说这个过程表达了对输入信号进行处理而获取输出信号的过程。箭头指向受控对象或受控过程的是输入，箭头指出受控单元或受控过程的是输出，通常输出的内容就是整个控制系统的受控变量。

图 5-32 线性系统理论的控制系统模型

2. 工业机器人的硬件控制结构

控制系统硬件部分为整个控制系统提供良好的物理平台，作为控制系统软件部分的工作平台，控制系统硬件对整个控制系统的性能和可扩展性起着决定性的作用。工业机器人控制系统的硬件一般指工业机器人的控制器，又名控制柜。

按照控制系统的硬件组成结构划分，机器人的控制系统一般分为集中式控制、主从式控制和分散式控制，如图 5-33 所示。一台计算机实现全部控制功能的控制方式称为集中式控制，由于实时性和扩展性较差，已经被逐步淘汰。主从式控制采用主、从两级处理器实现系统的全部控制功能，主处理器又名主计算机，从处理器又名运动控制器，这种控制方式实时性较好，适用于高精度、高速度控制。分散式控制方式将控制系统按其控制性质和方式分成几个模块，每一个模块各负责不同的控制任务和控制策略，各模块之间可以是主从关系，也可以是平等关系，智能机器人或者传感机器人多采用分散式控制方式。

由于工业机器人的控制过程中涉及大量的坐标变换、插补运算以及实时控制，所以目前的工业机器人控制系统在结构上多数采用主从式分层结构，通常采用的是两级计算机伺服控制系统，即系统控制器为主计算机和运动控制器组成。

按照控制系统的开放程度，工业机器人的控制系统又可分为封闭型、开放型和混合型，如图 5-34 所示。封闭型的控制系统是不能或者很难与其他硬件和软件系统结合的独立系统。开放型的控制系统具有模块化的结构和标准的接口协议，其用户和生产厂家可以很方便地对其硬件和软件结构集成外部传感、开发控制算法和用户界面等。混合型的控制系统结构是部分封闭、部分开放的，现在应用的较为广泛的工业机器人控制系统基本都是混合型的。

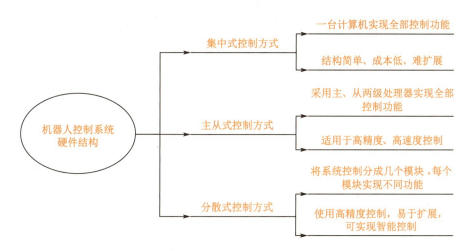

图 5-33　按照硬件组成结构划分机器人控制系统

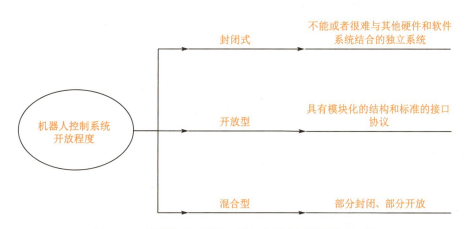

图 5-34　按照控制系统的开放程度划分机器人控制系统

图 5-35 所示为典型的主从控制式、混合型开放式的工业机器人控制系统硬件结构，主要由主计算机、运动控制器、I/O 单元、伺服驱动器、伺服电机和反馈装置几个主要部分组成，其中反馈装置的角色一般由传感器扮演。控制系统硬件还包括安全保护装置和人机交互工具，如紧急停止按钮和示教器。

控制系统的硬件安装于工业机器人控制器柜体内部，伺服电机安装在工业机器人本体上，伺服电机与示教器通过线缆与控制器连接，图 5-36 所示为典型的工业机器人控制器（又名控制柜）内部结构。

控制器内的主计算机，相当于电脑的主机，包含系统板卡，用于存放系统和数据。

运动控制器与主计算机连接，不保存数据，但工业机器人本体的位置数据等都由运动控制器处理，处理后的数据传送给主计算机。

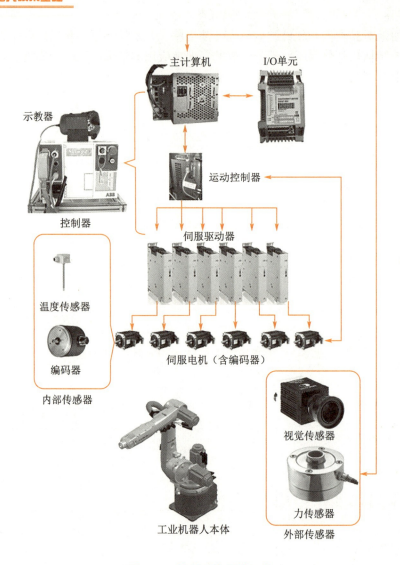

图 5-35 控制系统硬件组成

安全控制板主要负责的是紧急停止按钮和外部触发的安全信号的处理。

I/O 单元是机器人与外部的通信接口,机器人可以通过 I/O 单元与周边设备进行 I/O 通信。

工业机器人的手持式编程器又名示教器,是用户与工业机器人之间的人机对话工具。

伺服驱动器又称为"伺服控制器""伺服放大器",是用来控制伺服电机的一种控制器,其作用类似于变频器作用于普通交流电机,属于伺服系统的一部分,一般是通过位置、速度和力矩三种方式对伺服电机进行控制,实现高精度的传动系统定位,目前是传动技术的高端产品。

3. 工业机器人的分层递阶控制结构

如图 5-37 所示,控制系统的分层递阶控制结构将控制系统分成若干层级,使不同层级上的模块具有不同的工作性能和操作方式。在分层递阶控制结构中,最广泛遵循的原则是依据时间和功能来划分体系结构中的层次和模块,其中最有代表性的是

NASREM 的结构。

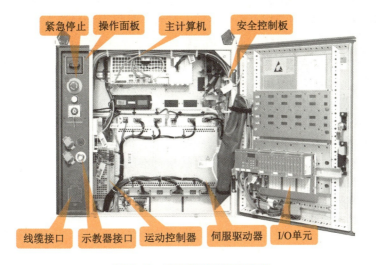

图 5-36 典型控制器内部结构

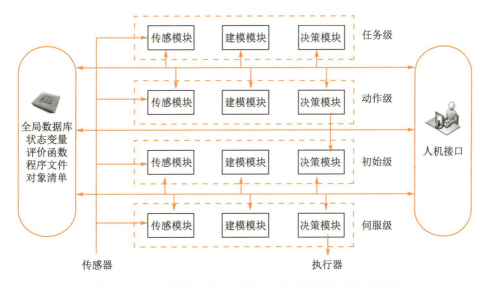

图 5-37 工业机器人控制系统的分层递阶控制结构参考模型

在这个结构中,工业机器人的控制系统可以简化为彼此关联又各具独立性的四级递阶控制层级,每一层级负责不同功能的任务,形成工业机器人控制系统的分层递阶控制结构。四个层级由高到低分别为任务级、动作级、初始级和伺服级。分层递阶控制结构中较低级别的伺服级主要进行物理动作的执行,处于较高级别的任务级和动作级负责动作所需的逻辑行为规划。

为实现不同层级间信息的交换,系统配置了共享全局数据库,该数据库包含整个系统和使用环境状态的最新数据。

每个控制层级都包含人机操作接口,从而实现操作者对控制系统的监控与干预。

分层递阶控制结构的功能如何分解、时间关系如何确定、空间资源如何分配等问题，都直接影响整个系统的控制能力。同时为了保证控制系统的扩展性、技术的更新和各种新算法的采用，要求系统的结构具有一定的开放性，从而保证机器人功能不断增强。

分层递阶控制结构的主要优点如下。

（1）可以由用户或第三方开发人员更换或修改，用户可以根据需要进行机器人控制系统改型，使机器人系统的应用范围更广泛。

（2）硬件和软件结构很容易集成传感器、操作接口。

（3）采用模块化技术，开发系统的过程中可以使用经过测试性能良好的子系统模块，功能模块的复用可以降低开发成本，提高系统的质量和安全性能。

（4）开放性的硬件和软件使得任何符合接口标准的第三方硬件和软件包都可以添加到系统中或替换功能相同的部件，加速了从研究系统向可操作系统的转化，缩短了从研究到商品化产品的周期。

5.2.2 工业机器人的运动控制

1. 伺服驱动原理

机器人的伺服驱动系统是一个为了跟踪机器人本体当前运动状态进行反馈构成的闭环伺服系统。我们结合闭环反馈控制系统中的相关内容，可以看出控制器的功能就是通过检测各关节的当前位置及速度，将它们作为反馈信号，最后直接或间接地决定各关节的驱动力。

从理论上讲，使用闭环伺服驱动系统可以消除整个驱动和传动环节的误差、间隙和失动量，使系统具有很高的位置控制精度。由于位置环内的许多机械传动环节的摩擦特性、刚性和间隙都是非线性的，所以很容易造成系统的不稳定，使闭环系统的设计、安装和调试都相当困难。

伺服驱动系统的结构、类型繁多，但从控制理论的角度来分析，伺服控制系统一般包括控制器、受控对象、执行装置、检测环节、比较环节等五部分，如图5-38与表5-1所示。工业机器人的伺服驱动系统也是如此。

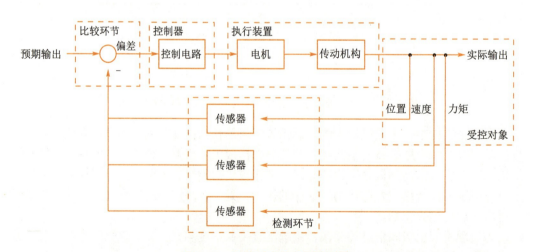

图5-38 伺服系统组成原理框图

表 5–1 伺服控制系统的组成部分

组成部分	功能
比较环节	将输入的指令信号与系统的反馈信号进行比较,以获得输出与输入间的偏差信号的环节,通常由专门的电路或计算机来实现
控制器	通常是各种控制电路(图 5-40 中的 PID 控制器),其主要任务是对比较元件输出的偏差信号进行变换处理,以控制执行元件按要求动作
执行装置	按控制信号的要求,将输入的各种形式的能量转化成机械能,驱动被控对象工作。工业机器人系统中的执行元件一般指各种电机或液压、气动伺服机构等
受控对象	指被控制的变量,在工业机器人系统中一般特指运动的位置、速度或力矩
检测环节	能够对输出进行测量并转换成比较环节所需要的量纲的装置,一般包括传感器和转换电路

2. 工业机器人单轴运动控制

在机器人运动控制中,最简单的就是单轴运动控制。在实际操作中,诸如手动操纵机器人各轴回零等操作,都是控制机器人做单轴运动。现代机器人的运动控制已经开发出了多种算法,但绝大多数机器人的关节电机使用的都是典型的 PID 控制算法。

(1)什么是 PID

在机器人运动控制系统中,我们希望控制的量有很多,如机器人末端位置、电机转速、电机转矩等,在介绍 PID 算法中,我们以机器人关节的电机转速作为被控量为例,来形象地介绍这一控制理论中的经典算法。

从前面的内容中我们知道,工业机器人运动系统采用了反馈控制方式。反馈的引入使我们能够更好地控制受控系统,以便得到预期的输出,并改善控制的精度,但它同时也要求我们对系统相应的稳定性给予足够的重视。为了解决系统稳定性问题,各种控制器(控制电路、控制算法)应运而生。

操纵机器人运动,本质上就是使电机从停转(转速为 0)开始启动达到要求转速。我们把电机的这个启动过程称为响应,可以理解为电机的行为响应了运动控制系统的要求。从某个速度跳变到另一个速度可以看作一个典型的阶跃响应,如图 5-39(a)所示,控制系统给电机的命令也是实现这样的响应(即系统的输入为阶跃信号),然而实际上电机给出的转速响应曲线是图 5-39(b)这样的曲线。在这个响应过程中会出现这样几个参量:上升时间、超调量、调整时间等,如图 5-39(b)所示。

电机的转速曲线出现波动,可能的表现形式即为机械臂的抖动,尽管这个时间段和抖动幅度可能都非常小,但是对于一些高速且精密的动作来说,就有可能是致命伤。例如用于医学、精密仪器装配的机器人等。

作为一个机器人运动控制系统的设计者,我们对电机的转速响应有以下三点追求:

①让电机在最短时间内达到既定的目标速度;
②使转速的波动幅度尽可能减小;
③尽可能减少转速的不稳定时间段。

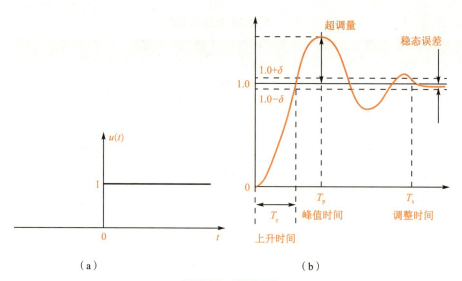

图 5-39 阶跃响应

以上三点基本可以概括为快、准、稳。

在工程实际中，控制器中最为广泛应用的一种控制方法为比例（P）、积分（I）、微分（D）控制，简称 PID 控制。PID 的原理是将偏差（预期输出与实际输出值的差）的比例、积分和微分通过线性组合构成控制量，对被控对象进行控制，其原理如图 5-40 所示。

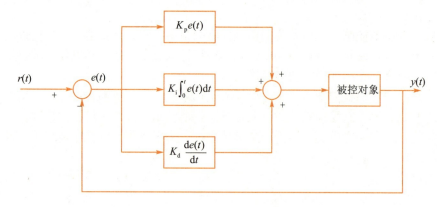

图 5-40 PID 控制器原理图

PID 控制器的输出包含三项：P 项（比例环节）、I 项（积分环节）与 D 项（微分环节）。表达式如下：

$$u(t) = K_p \left[e(t) + \frac{1}{T_i} \int_0^t e(t) \mathrm{d}t + T_d \frac{\mathrm{d}e(t)}{\mathrm{d}t} \right]$$

式中 K_p——比例参数；

       K_i——积分参数；

       $K_d = \dfrac{K_p}{T_i}$——微分参数，$K_d = K_p \cdot T_d$。

如图 5-41 所示，比例控制是一种最简单的控制方式，可以通过调节比例参数进行比例控制，使控制器的输出与输入误差信号成正比关系。当仅有比例控制时，系统输出存在稳态误差。P 项与系统误差成正比，其作用为将实际输出拉向参考输入。

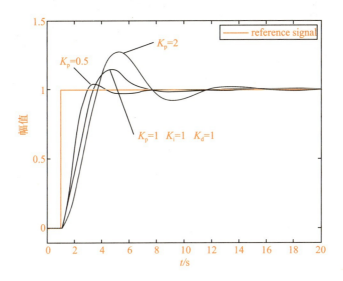

图 5-41　不同比例增益 K_p 下，响应对时间的变化（T_i 和 T_d 值固定）

如图 5-42 所示，在积分控制中，控制器的输出与输入误差信号的积分成正比关系。对一个自动控制系统，如果在进入稳态后存在稳态误差，则称这个控制系统是有稳态误差的系统或简称有差系统。为了消除稳态误差，在控制器中必须引入积分项。积分项对误差的影响取决于时间的积分，随着时间的增加，积分项会增大。这样，即便误差很小，积分项也会随着时间的增加而加大，它推动控制器的输出增大使稳态误差进一步减小，直到等于零。因此，比例+积分（PI）控制器，可以使系统在进入稳态后无稳态误差。I 项与系统误差积分正比，其作用为消除稳态误差，但会恶化从发生激励到稳态的过渡过程（超调量以及响应时间）。

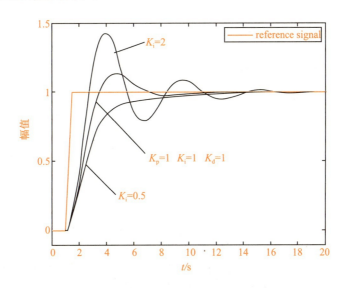

图 5-42　不同积分增益 T_i 下，响应对时间的变化（K_p 和 T_d 值固定）

如图 5-43 所示，在微分控制中，控制器的输出与输入误差信号的微分（即误差的变化率）成正比关系。自动控制系统在克服误差的调节过程中可能会出现振荡甚至失稳，原因是存在有较大惯性组件（环节）或有滞后组件，具有抑制误差的作用，使系统的响应总是落后于误差的变化。解决的办法是使抑制误差的变化"超前"，即在误差接近零时，抑制误差的作用就应该为零。这意味着在控制器中仅引入"比例 P"项往往是不够的，比例项的作用仅是放大误差的幅值，而为了解决滞后问题需要增加的是"微分项"，它能预测误差变化的趋势。这样，具有比例+微分的控制器，就能够提前使抑制误差的控制作用等于零，甚至为负值，从而避免了系统输出的严重超调。所以对有较大惯性或滞后的受控系统，比例+微分成（PD）控制器能改善系统在调节过程中的动态特性。D 项与系统误差微分（速度误差）正比，其作用为改善过渡过程。

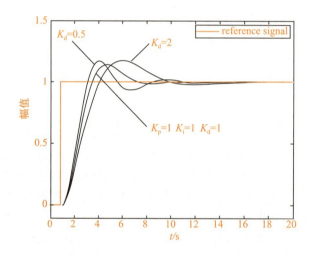

图 5-43　不同微分增益 T_d 下，响应对时间的变化（K_p 和 T_i 值固定）

（2）PID 控制系统的参数整定

由于计算机控制是一种采样控制，它只能根据采样时刻的误差信号计算控制量，而不能像模拟控制那样连续输出控制量进行连续控制。由于这一特点，控制器中的积分项和微分项不能直接使用，必须进行离散化处理。离散化处理的方法：以 T 作为采样周期，则离散采样时间对应着连续时间，用矩形法数值积分近似代替积分，离散原理如图 5-44 所示。

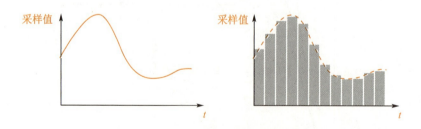

图 5-44　离散化原理示意图

决定一个 PID 控制器作用的，其实就是比例系数 K_p、积分时间 T_i 和微分时间 T_d 的具体数值。如图 5-45 所示为添加 PID 控制器前后对比，通过改变控制器的参数，使其特性和过程特性相匹配,以改善系统的动态和静态指标,取得最佳的控制效果,这个过程叫整定。

整定调节器参数的方法很多,归纳起来可分为两大类,即理论计算整定法和工程整定法。理论计算整定法有对数频率特性法和根轨迹法等;工程整定法有凑试法、临界比例法、经验法、衰减曲线法和响应曲线法等。工程整定法的特点是不需要事先知道受控过程的数学模型,直接在过程控制系统中进行现场整定,方法简单、计算简便、易于掌握。

整定过程中需要保持参考输入基本不变。PID控制器的调参经验可以概括为以下几点。

(1) 将 T_i、T_d 项置零。

(2) 从 0 开始指数增加 K_p,观察闭环阶跃响应,比如取 K_p=1,10,100,…

在这个过程中你会看到输出从无响应,到缓慢响应,到出现超调震荡,再到指数发散。取刚好明显超调震荡时的参数作为 K_p。

(3) 从 0 开始缓慢增加 T_d,观察过渡过程的变化,取超调最小的 T_d 值。

(4) 从 0 开始缓慢增加 T_i,观察稳态误差,最后在过渡过程恶化和稳态误差减小间进行权衡。

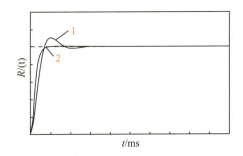

1—添加 PID 控制器前电机转速响应;2—添加 PID 控制器后电机转速响应。

图 5-45 添加 PID 控制器前后对比(示意图)

3. 工业机器人多轴运动

(1) 多环控制回路

在机器人的单轴运动中,控制器通常会对电机的位置、速度和力矩三个被控量进行控制,如图 5-46 所示。

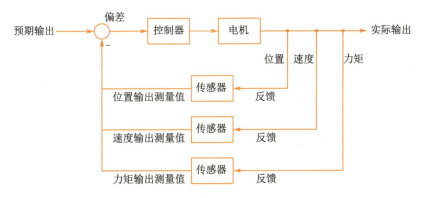

图 5-46 单轴运动的多环控制回路

然而在机器人的实际运动中，当机器人末端要运动到某一目标点时，往往不是仅靠单轴运动就能实现的，运动的过程中也不是每个轴依次运动，而是多轴同时协同运动。相比于单轴运动，多轴协同控制是一个复杂的控制过程，这需要运动控制器将所有轴运动状态综合分析给出合适的运动路径。

（2）运动控制器

多轴协同运动需要解算，解算需要运动控制器，下面对运动控制器进行介绍。

①运动控制器的作用

工业机器人的运动控制器是控制技术与运动系统相结合的产物。在现代电子技术的支持下，它通常以微处理器为核心，综合运动轨迹设计、控制算法分析、运动学正逆解、各运动部件的实时驱动等功能，达到总体运动控制效果。在运动过程中，运动控制器还须对具体的运动速度、加速度、位置误差等进行实时监控，并对相关情况做出及时反应。

运动控制器相当于人的大脑，是工业机器人控制系统的主要组成部分，它支配着工业机器人按规定的程序运动，并记忆人们给予工业机器人的指令信息（如动作顺序、运动轨迹、运动速度及时间），同时按其控制系统的信息对伺服驱动系统发出动作命令。为了能快速精确地控制机器各个伺服驱动轴的动作和位置，要求运动控制器能高速地进行复杂的坐标变换运算。

②运动控制器的分类

目前，基于不同平台的运动控制器主要有如下几类。

a. 基于 PC 技术的运动控制器

计算机技术的发展在工业控制领域也同样导致技术面貌的迅速改变。工业控制机，特别是采用 PC 技术的工业 PC 的涌现，大大推动和促进了开放式运动控制的发展。基于工业 PC 的运动控制器可以利用 PC 强大的软件环境和技术支持，摆脱专用封闭式控制系统的束缚，具有功能模块化、接口标准化、易扩展等特点。利用其高效运算功能、管理与监控能力以及丰富的软件资源，可以实现更高级的控制算法、轨迹插补算法和补偿算法，从而丰富运动控制方法，大大提高伺服扫描速度，提高系统的分辨率，最终实现尽可能高的运动精度和速度，进而实现轨迹形状复杂的曲线或曲面运动。

基于 PC 技术的运动控制器还可以分为基于通用微处理器型、基于专用微控制器型等。

（i）基于通用微处理器型

图 5-47 8088 微处理器

如图 5-47 所示为 8088 微处理器，是由 8088 等核心部件、联合存储器、编码器信号处理电路及 D/A 转换电路等组成的微处理器，其控制算法由事先编好的程序固化在存储器中，这种型式的控制器采用零件较多，可靠性低，体积较大，而且控制参数不易更改，软硬件设计工作量大。

（ii）基于专用微控制器型

如图 5-48 所示为 LM628 运动控制器及引脚图，该控制器是基于芯片的运动控制器，用一个芯片即可完成速度曲线规划、PID 伺服控制算法、编码器信号的处理等多种功能。一些需要经常更改的参数如电机位置、速度、加速度、PID 参数等均在芯片内部的 RAM 区内，可由计算机用指令很方便地修改。但由于受运算速度的限制，复杂的控制算法和功能很难实现。

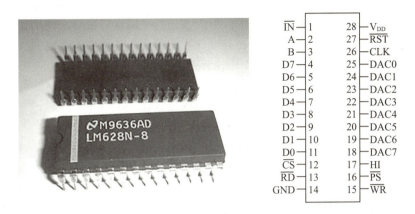

图 5-48　LM628 运动控制器及引脚图

b. 基于 DSP 的运动控制器。

20 世纪 90 年代以来，数字信号处理技术（Digital Signal Processing, DSP）在运动控制器中得到广泛的应用。这主要是因为 DSP 芯片的高速运算使得很多复杂的控制算法和功能得以实现，而且集成度高，利用控制器本身独特的硬件结构可以实现执行机构硬件位置的快速捕捉。DSP 芯片具有稳定性好、精度高、可重复性好、集成方便（具有通用接口）等优点，目前市场上已出现了多种基于 DSP 的高级运动控制器，这些控制器能同时控制多轴，有的已包含了运动轨迹插补运算及有前馈补偿功能 PID 算法，这为多轴伺服电机的控制带来了极大的方便。国内外机器人研发，大量采用 DSP 芯片作为运动控制器设计的核心部件，开发出了很多性能先进的机器人系统。但是，由于 DSP 技术更新的速度快，开发和调试工具还不完善，所以对于轨迹控制和多轴联动参数匹配等须通过编写程序来实现，使用者熟练掌握对工业机器人的控制还比较困难，图 5-49 所示为 TMS320C2000 系列芯片。

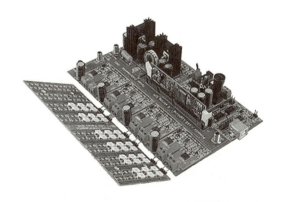

图 5-49　TMS320C2000 系列芯片

c. 基于 ARM 的运动控制器

ARM（advanced RISC machine）是对一类处理器的通称，ARM 处理器（图 5-50）

采用 RISC(reduce instruction computer, 精简指令集计算机)结构, 与传统的 CISC(complex instruction computer, 复杂指令集计算机) 相比具有以下特点: RISC 指令集的种类少, 指令格式规范, 通常只使用一种或几种格式, 并且在字边界对齐; 利用内置多条流水线来同时执行多个指令处理的超标量技术, 可以实现处理器在一个时钟周期完成一条或多条指令; 几乎所有的指令都使用寄存器寻址方式的简化寻址方式; 多数的操作都是寄存器到寄存器的操作, 只以简单的 Load 和 Store 访问内存。

图 5-50 MX535RM 处理器

ARM 处理器具有上述结构上的特点, 使得它具备了以下很多优点。
(i) 体积小、低功耗、低成本、高性能。
(ii) 支持 Thumb (16 位) /ARM (32 位) 双指令集, 能很好地兼容 8 位、16 位器件。
(iii) 大量使用寄存器, 指令执行速度快。
(iv) 寻址方式灵活简单, 执行效率高。

d. 基于 PLC 的运动控制器

如图 5-51 所示为 PLC 控制器, PLC 具有通用性强、使用方便、适应面广、可靠性高、抗干扰能力强、编程简单等特点。随着 PLC 技术的发展, 出现了更多功能强大的指令, 具备更强的计算能力, 特别是运动控制功能和网络通信功能更加强大, 可实现多轴协调控制、高度的集成操作及位置和速度的闭环控制, 能够满足高性能工业机器人的位置和运动精度要求。由 PLC 构成工业机器人控制器, 硬件配置的工作量较小, 无须做复杂的电路板, 只需在端子之间接线。

(a) 西门子 S7-200 控制器　　(b) 欧姆龙 FX2 系列控制器

图 5-51 PLC 控制器

5.2.3 工业机器人的通信技术

1. I/O 通信

（1）模拟信号与数字信号

如上所述，数据通信时一定至少有一方是计算机。故在数据传输时，需要进行一次数据向信号的转换。电信号包括模拟信号和数字信号，如图 5-52 所示。模拟信号就是电震荡信号，或者说变换成电流或电压后的波形。采用模拟信号进行数据传输的方式称为模拟传输。传统电话就是模拟传输方式的例子。

模拟信号中的电压或电流是随时间连续变化的量。时间上不连续的信号，即电压的高低仅用特定值来表示的信号称为数字信号。采用数字信号的数据传输方式称为数字传输。计算机网络、移动电话等均为数字传输。

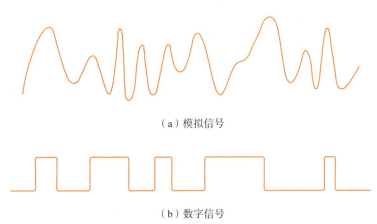

（a）模拟信号

（b）数字信号

图 5-52　模拟信号与数字信号

数字传输的优点在于数字信号的电信号很简单，能够有效地防止信号劣化，保证传输的稳定性。全部信息数字化后，只需一种传送线路即可完成传输工作。

数据通信中，根据传输线路的不同，需要进行模拟和数字信号之间的相互转换。例如，用电话线作为传输线路，应该先将数字信息转换为模拟信号，然后在接收端再转换成数字信号。将模拟信号转换为数字信号称为调制，将数字信号转换为模拟信号称为解调。

调制解调技术是数据通信中非常重要的技术。脉冲调制是调制的基本方式，可以把模拟信号转换为数字信号。脉冲调制时，每隔一定的时间进行一次模拟信号的采样，并对采样信号进行量化处理，转换成二进制的数值。数字信号到模拟信号的解调与信号调制的步骤相反。

（2）工业机器人 I/O 通信

工业机器人拥有丰富的 I/O 通信接口，可以轻松地实现与周边设备进行通信，通常具备的通信方式如图 5-53 所示，其中串口通信、OPC server、Socket Message 是与 PC 通信时的通信协议；DeviceNet、PROFIBUS、PROFIBUS-DP、PROFINET、EtherNet/IP 则是不同工业机器人厂商推出的现场总线协议，可根据需求选配使用合适的现场总线；例如如果使用 ABB 工业机器人标准 I/O 板，就必须有 DeviceNet 的总线。

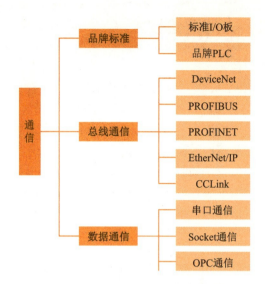

图 5-53 通信种类

不同的机器人厂商选用的标准 I/O 模块功能上大同小异,但选型上有所不同,如 ABB 机器人常用的标准 I/O 板有 DSQC 651 和 DSQC 652,KUKA 机器人则提供了 BECKHOFF 公司的 EhterCAT 模块。

2. I/O 信号与 I/O 模块

机器人 I/O 通信提供的信号处理包括数字输入 DI、数字输出 DO、模拟输入 AI 和模拟输出 AO。在工业机器人系统中,通常将上述逻辑控制系统集成为一块板卡/模块——标准 I/O 模块。使用一根导线连接 I/O 模块上的接口与通信设备,即可实现 I/O 通信。工业机器人的 I/O 模块与机器人内部总线相连,实现机器人内外部逻辑信号的传递与交换,有关总线的相关内容可见本小节 I/O 通信相关知识点。

ABB 工业机器人常用标准 I/O 板(表 5-2),有 DSQC651、DSQC652、DSQC653、DSQC355A、DSQC377A 五种,除分配地址不同外,其配置方法基本相同。

表 5-2 工业机器人常用 I/O 板

序号	型号	说明
1	DSQC651	分布式 I/O 模块 DI8、DO8、AO2
2	DSQC652	分布式 I/O 模块 DI16、DO16
3	DSQC653	分布式 I/O 模块 DI8、DO8 带继电器
4	DSQC355A	分布式 I/O 模块 AI4、AO4
5	DSQC377A	输送链跟踪单元

如图 5-54 所示为 DSQC 652 板,主要提供 16 个数字输入信号和 16 个数字输出信号的处理。图 5-55 是 ABB IRC 5 Compact 控制器 I/O 接口。

图 5-54　DSQC 652 板　　　图 5-55　ABB IRC 5 Compact 控制器 I/O 接口

总线耦合器模块（图 5-56 所示 EK1100 耦合器，下挂 I/O 输入输出模块）里设有可连接 EhterCAT 的逻辑电路，通过系统总线与控制柜的端口连接。数字输入端 EL1809 可采集 16 个数字输入端的信号，数字输出端 EL2809 可映射 16 个数字输出信号，将这些信号传送给总线耦合器，借助发光二极管指示信号状态。

工业机器人可以选配标准的 PLC（本体同厂家的 PLC），既省去了与外部 PLC 进行通信的设置，又可以直接在工业机器人的示教器上实现与 PLC 相关的操作。

通常，可能与机器人进行 I/O 通信的设备有：各类传感器、PLC 和电磁阀等执行器。I/O 信号可以反馈设备的状态、测量值等信息。机器人 I/O 使用并行通信技术，为了连接 I/O 线缆，I/O 板上接有端子连接器，可以有效连接输入/输出信号。在并行传输中，使用多根并行的线缆可一次同时传输多个比特（信号的最小单位）。例如在图 5-57 中，共有 8 根数据线，可一次同时传输 8 位，每个比特占用一根数据线。

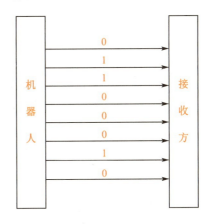

图 5-56　EK1100 耦合器　　　图 5-57　并行输出

工业机器人的 I/O 通信有如下特点。

（1）由于 I/O 板上可连接的 I/O 信号数量有限（例如 ABB 机器人的 DSQC652 号 I/O 板，就拥有固定的 16 个数字输入信号端口和 16 个数字输出信号端口），在设计工业机器人控制系统时，就需要合理选择要连接信号的端子，有效利用有限的连接数量。

（2）使用I/O通信可以简化相关的输入/输出指令，例如将夹爪的夹紧信号预设为1，松开信号预设为0。从机器人程序的方面来说也可以减少编程难度，减少中断。

（3）此外，机器人控制器可以同时处理机器人运动和输入/输出信号，因此即使在运动过程中也可以处理I/O信号。

3. 总线通信

（1）总线

总线是各种功能部件之间传送信息的公共通信干线，它是由导线组成的传输线束。按照计算机所传输的信息种类，计算机的总线可以划分为以下几种。

①数据总线（DB）

数据总线是双向三态（0，1或非0非1）形式的总线，即它既可以把控制器CPU的数据传送到存储器或输入/输出接口等其他部件，也可以将其他部件的数据传送到CPU。数据总线的位数是微型计算机的一个重要指标，通常与微处理的字长相一致。我们常说的32位、64位计算机指的就是数据总线的位数。

②地址总线（AB）

地址总线是专门用来传送地址的，由于地址只能从CPU传向外部存储器或I/O端口，所以地址总线总是单向三态的，这与数据总线不同。地址总线的位数决定了CPU可直接寻址的内存空间大小。

③控制总线（CB）

控制总线主要用来传送控制信号和时序信号。控制总线的传送方向由具体控制信号而定，一般是双向的，控制总线的位数要根据系统的实际控制需要而定。其实数据总线和控制总线可以共用。

（2）工业机器人常用的总线通信协议

随着计算机、通信及控制技术的不断发展，很多的控制设备都是以网络的形式来连接，网络具备的通信功能可实现远距离的参数设置及相应的控制功能等。八十年代以来，随着控制技术的全面进步，伺服控制已进入了高速、高精度控制的阶段。但是目前还没有专用于机器人控制系统的通信总线，当前大部分通信总线技术可以归纳为两类：串行总线技术和实时工业以太网总线技术。在构建机器人系统时会根据系统的特点使用一些常用的总线协议，比如DeviceNet、PROFIBUS、PROFINET、Ethernet/IP、EtherCAT等。下面将对这些常用通信总线技术及协议的应用及特点作出说明。

① DeviceNet总线

Devicenet是20世纪90年代中期发展起来的一种基于CAN（controller area network）技术的开放型、符合全球工业标准的低成本、高性能的通信网络，最初由美国Rockwell公司开发应用。我们常见的ABB机器人控制器内部总线使用的就是Devicenet。Devicenet的许多特性沿袭于CAN，是一种串行总线技术。它能够将工业设备（如限位开关、光电传感器、阀组、电机驱动器、过程传感器、条形码读取器、变频驱动器、面板显示器和操作员接口等）连接到网络，从而消除了昂贵的硬接线成本。这种直接互连改善了设备间的通信成本，并同时提供了相当重要的设备级诊断功能，这是通过硬接线I/O接口很难实现的。

Devicenet的规范和协议都是开放的，将设备连接到系统时，无须为硬件、软件或授权付费。任何对DeviceNet技术感兴趣的组织或个人都可以从开放式DeviceNet供货商协会（ODVA）获得 DeviceNet 规范，并可以加入 ODVA，参加对 DeviceNet 规范进行增补的技术工作组。

DeviceNet 的主要特点是：短帧传输，每帧的最大数据为 8 字节；无破坏性的逐位仲裁技术（当两个或者以上的不同 ID 节点"同时"向总线发送数据时候，优先级最高的就能直接发送，优先级低的就自动退回，等待空闲时再向总线发送数据，所以对于优先级最高的节点来说，"发送时间"就是无破坏的）；网络最多可连接 64 个节点；数据传输速率为 128 kb/s、256 kb/s、512 kb/s；点对点、多主或主/从通信方式；采用 CAN 的物理和数据链路层规约。

② PROFIBUS

PROFIBUS 是一个用在自动化技术领域的现场总线标准，在 1987 年由德国西门子公司等十四家公司及五个研究机构所推动制定，PROFIBUS 是程序总线网络（process field bus）的简称。PROFIBUS 和用在工业以太网的 PROFINET 是两种不同的通信协议。

PROFIBUS 的历史可追溯到 1987 年联邦德国开始的一个合作计划，此计划有十四家公司及五个研究机构参与，目标是推动一种串列现场总线，可满足现场设备接口的基本需求。为了这个目的，参与的成员同意支持有关工厂生产及程序自动化的共通技术研究。

目前的 PROFIBUS 可分为两种，分别是广泛使用的 PROFIBUS DP 和用在过程控制的 PROFIBUS PA：

a.PROFIBUS DP（decentralized peripherals，分布式外围设备）应用在工厂自动化中，可以由中央控制器控制许多的传感器及执行器，也可以利用标准或选用的诊断机制得知各模块的状态。

b.PROFIBUS PA（process automation，过程控制自动化）应用在过程自动化系统中，由过程控制系统监控量测设备控制，是本质安全的通信协议，可适用于防爆区域。其物理层（线缆）允许由通信缆线提供电源给现场设备，即使在有故障时也可限制电流量，避免制造可能导致爆炸的情形。

PROFIBUS PA 使用的通信协议和 PROFIBUS DP 相同，只要有转换设备就可以和 PROFIBUS DP 网络连接，由速率较快的 PROFIBUS DP 作为网络主干，将信号传递给控制器。在一些需要同时处理自动化及过程控制的应用中，可以同时使用 PROFIBUS DP 及 PROFIBUS PA。

③ PROFINET

PROFINET 实时以太网是基于标准工业以太网技术提出的，使用了 TCP/IP 标准，可以满足现场总线和信息系统的集成,它充分满足了企业管理层和现场层通信的兼容性。PROFINET 的组成部分包括：分布式自动化、分散式现场设备、网络安装、统一的通信接口、现场总线集成等，其核心组成部分是分散式现场设备。为了完成各种控制对象的功能需求，PROFINET 根据通信目的的不同将通信方式划分为三种类型。

a. 实时性要求不高的数据通过 TCP/UDP 协议在标准通道上发送，这样可以满足设备控制层与其他网络兼容互通的需求。

b. 实时性较高的过程数据采用实时通道 RT（real-time）传输，PROFINET 中的实时通信通道的利用很大程度上减少了通信栈所用时间，缩短了过程数据传输的周期。

c. 等时同步实时通信 IRT（isochronous real-time）的时钟速率为 1 ms，抖动精度为 1 us，主要用于有较高时间同步要求的场合，例如运动控制。

PROFINET 和 PROFIBUS 都是 PNO 组织推出的现场总线，但两者本身没有可比性。PROFINET 基于以太网，而 PROFIBUS 基于 RS-485 串行总线。两者在协议上由于介质的不同而完全不同，没有任何关联。但两者也有相似的地方，例如都有很好的实时性，原因就在于都是用了精简的堆栈结构。基于标准以太网的任何开发都可以直接应用在 PROFINET 中，而世界上基于以太网的解决方案的开发者远远多于 PROFIBUS 的开发者，这也造成了 PROFINET 有更多可用的资源去创新技术。

④ Ethernet/IP

Ethernet/IP 是由 CI（国际控制网络）组织和开放设备网络供应商协会在工业以太网协会的协助下联合开发的，Ethernet/IP 将以太网协议与工业协议两者结合起来，是在标准以太网协议之上建立的。

基于标准以太网技术的 Ethernet/IP 具有以下优点：充分地利用了以太网技术，使设备兼容性增强；可以快速构建控制系统，组网方便快捷；通信快速且稳定，通信距离长，构建成本低廉。

⑤ EtherCAT

EtherCAT（以太网控制自动化技术）是一个开放架构、以以太网为基础的现场总线系统，其名称的 CAT 为控制自动化技术（control automation technology）英文字首的缩写。EtherCAT 是确定性的工业以太网，最早由德国的 Beckhoff 公司研发。EtherCAT 是国际现场总线标准的组成部分，在现场总线级的高速 I/O 控制和高速运动控制方面有突出的表现。

在 EtherCAT 网络中，当资料帧通过 EtherCAT 节点时，节点会复制资料，再传送到下一个节点，同时识别对应此节点的资料，进行处理；若节点需要送出资料，也会在传送到下一个节点的资料中插入要送出的资料。每个节点接收及传送资料的时间少于 1 μs，一般而言只用一个帧的资料就可以供所有的网络上的节点传送及接收资料。如图 5-58 所示即为新时达机器人控制柜内 EtherCAT 总线的通信连接情况。

图 5-58 EtherCAT 总线连接

（3）总线通信接口

为了实施协调作业，工业机器人往往需要配备一些周边设备。但是此时简单的通信接口已经无法满足机器人系统协调作业的需要了，故而应该改用各种高速的通信接口装置。

① 与外部设备的通信接口

a. 与上位机的接口。工业机器人的上位机通常是 PC 或 PLC。起初，工业机器人一般都通过串行通信接口 RS-232C 与上位机相连，但近年来有的已经改用并行接口，甚至一部分机器人已经开始采用总线连接。工业机器人最近开始流行与网络相连接，因此与网络的通信显得极为重要，于是使用 JAVA 构建的机器人系统也开始得到普及，其结果是使开放式机器人系统得到推广。

b. 与传感器的接口。工业机器人系统中总少不了各种传感器，所以其控制系统中也少不了传感器接口。例如 ABB IRC5 Compact 控制器就集成了探寻停止、输送链跟踪、机器视觉系统和焊缝跟踪接口。开关继电器接口也是工业机器人常用的传感器接口。工业机器人传感器接口包括串行接口 RS-232C、并行接口 AI/O 和 DI/O，有的也采用总线接口。

②控制器通信接口实例

图 5-59 为 ABB 机器人 IRC5 Compact 型号控制器接口示意图。

1—安全保护模块接口；2—以太网接口；3—I/O 模块接口；4—DeviceNet 总线接口；5—串行接口。

图 5-59　工业机器人控制器通信接口

5.2.4　工业机器人人机交互与安全保护机制

1. 示教器

在工业机器人的使用过程中，为了方便地控制工业机器人并对工业机器人进行现场编程调试，工业机器人厂商一般都会配有自己品牌的手持编程器，即示教器，作为用户与工业机器人之间的人机交互工具，示教器与控制系统通过串行总线通信。如图 5-60 所示为典型的示教器。

精品课——
工业机器人的
示教器

（a）ABB 示教器　　　　　（b）KUKA 示教器

图 5-60　典型示教器

（c）FANUC 示教器

图 5-60（续）

图 5-61 所示为典型示教器的结构，示教器一般具有手动操纵机器人运动、程序编写、程序调试、显示运行状态等功能。

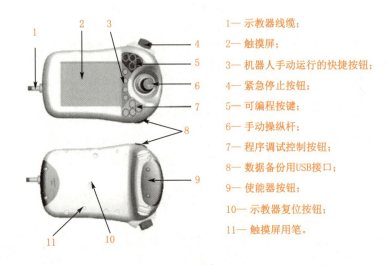

1— 示教器线缆；
2— 触摸屏；
3— 机器人手动运行的快捷按钮；
4— 紧急停止按钮；
5— 可编程按键；
6— 手动操纵杆；
7— 程序调试控制按钮；
8— 数据备份用USB接口；
9— 使能器按钮；
10— 示教器复位按钮；
11— 触摸屏用笔。

图 5-61 示教器的结构

2. 安全保护机制

工业机器人的安全保护机制是在机器人运行出现问题或有可能出现问题时，由紧急停止装置的状态变化所触发的强行停机动作。在不同厂商的工业机器人控制系统硬件中，都设置了专门负责安全逻辑判断的安全保护模块。安全保护机制的作用是由紧急停止装置的状态和安全保护模块的运算共同实现的。

（1）安全保护模块

ABB 机器人的安全保护模块叫安全面板，如图 5-62 所示，当控制柜正常工作时，安全面板上所有指示灯亮起，紧急停止按钮状态信号等安全保护机制触发信号从此处接入。KUKA 机器人的安全保护模块叫安全接口板，如图 5-63 所示。

安全保护模块一般具有如下功能。

①电源控制功能

安全保护模块检测到控制电源输入后自动输出到控制器、伺服控制系统、风扇、示教器，实现控制器回路供电控制；检测系统一切正常后输出信号控制接触器闭合，主电导通，伺服控制系统上主电。

图5-62 ABB机器人的安全面板（控制柜内部）

图5-63 库卡机器人安全接口板

② 快速停止控制功能

手动模式下，用力按下使能键从而使三位使能开关触发，用于快速停止工业机器人。

③ 安全转矩关断控制

紧急情况下（如紧急停止按钮被按下），安全回路断开，控制系统使能立即断开，触发紧急停止。

（2）紧急停止装置

紧急停止优先于任何其他工业机器人的控制操作，它会断开工业机器人电机的驱动电源，停止所有运转部件，并切断工业机器人运动控制系统及存在潜在危险的功能部件的电源。每个可能引发工业机器人运动或其他可能带来危险情况的工位上都必须装配紧急停止装置。必要情况下，须安装外部紧急停止装置，以确保机器人控制系统内急停按钮失效的情况下也有紧急停止装置可供使用。紧急停止装置一般包括紧急停止按钮、安全光栅、安全门开关等。

① 紧急停止按钮

工业机器人的紧急停止按钮一般设置于控制器的操作面板上或示教器上，图5-64所示为几种工业机器人的紧急停止按钮。

（a）ABB控制器上的紧急停止按钮

（b）ABB示教器上的紧急停止按钮

图5-64 紧急停止按钮

（c）KUKA 示教器上的紧急停止按钮

（d）FANUC 控制器和示教器上的紧急停止按钮

图 5-64 （续）

②安全光栅和安全门开关

为了保护操作者的人身安全，工业机器人系统须配备物理隔离防护装置，如安全光栅和安全门开关等，这些装置一般与三色报警灯（图5-65）联合使用。安全光栅和安全门开关都是传感器，安全光栅可以探测危险区域内是否有障碍物，并将信号传输给三色报警灯，安全门开关可检测安全门是否关闭，并将信号传输给三色报警灯，三色报警灯可根据信号作出相应显示，提示工作站当前的工作状态。黄灯出现

光栅传感器的工作原理

闪烁，示意操作人员应注意安全，一般为等待状态；绿灯出现闪烁，示意系统运行正常；当运行中检测到有人进入工作站或危险区域时，机器人会紧急停止，同时三色报警器会出现红灯闪烁，以保护操作人员的人身安全。下面对安全门和安全光栅进行介绍。

a. 安全光栅

安全光栅又名光电保护器、安全光幕、光电保护装置等，如图 5-66 所示，在工业机器人系统中安装安全光栅，可实现当操作者进入安全光栅内部区域时报警或者与工业机器人的安全保护电路互锁，从而保护人身安全。

图 5-65 三色警报灯

图 5-66 安全光栅

当安全光栅的保护区域内没有遮挡物时，光栅的传感器可以发出安全信号给机器人控制器，机器人可以正常运行。如图 5-67 所示为简化光栅模型，当保护区域内有遮挡

物时,光线被阻挡,光栅的传感器将发出信号给机器人控制器,机器人停止运行。

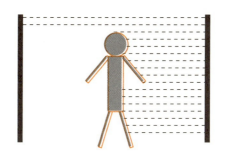

图 5-67 安全光栅简化模型

b. 安全门开关

安全门开关是用于检测门开闭状态的开关,主要应用于安全生产场合,常用安全门开关如图 5-68 所示。

图 5-68 安全门开关

如图 5-69 所示为工业机器人工作站,其使用安全防护栏和安全防护门将主要设备与人实现物理隔离,保证作业时的安全性,安全防护门开关可检测到安全防护门是否关闭。须关闭安全防护门,三色报警灯的绿灯亮起,工业机器人才可进行自动运行,以保护操作人员的人身安全。

图 5-69 工业机器人工作站

【知识评测】

1. 选择题

(1) 下列属于工业机器人内部传感器的是（　　）。
　　A. 距离传感器　　　　B. 防爆传感器　　　　C. 编码器　　　　D. 视觉传感器

(2) 为了能快速精确地控制机器各个伺服驱动轴的动作和位置，要求运动控制器能高速地进行复杂的坐标变换运算，然而运动控制器目前还不能基于下列哪项技术？（　　）
　　A. 基于 PC 技术　　　　　　　　　　B. 基于 DSP 技术
　　C. 基于 ARM　　　　　　　　　　　D. 基于"5G"通信技术

2. 填空题

(1) 光电编码器是由光栅盘和光电检测装置组成的，按信号采集原理可以分为_____光电编码器、_____光电编码器和混合式光电编码器。

(2) 按照控制系统的硬件组成结构划分，机器人的控制系统一般分为_____控制、_____控制和_____控制。

3. 简答题

(1) 简述工业机器人安全模块一般都有哪些功能。

(2) 工业机器人的 I/O 通信具有哪些特点？

第6章 工业机器人语言与编程

6.1 编程语言类型

伴随着机器人的发展,机器人语言也得到发展和完善。机器人语言已成为机器人技术的一个重要部分。机器人的功能除了依靠机器人硬件的支持外,很多部分要依赖机器人语言来完成。早期的机器人由于功能单一、动作简单,可采用固定程序或示教方式来控制机器人的运动。随着机器人作业动作的多样化和作业环境的复杂化,依靠固定的程序或示教方式已满足不了要求,必须依靠能适应作业和环境随时变化的机器人语言编程来完成机器人的工作。

机器人语言种类繁多,而且新的语言层出不穷。这是因为机器人的功能不断拓展,总是需要新的语言来配合其工作。另外,机器人语言多是针对某种类型的具体机器人而开发的,所以通用性很差,几乎一种新的机器人问世,就有一种新的机器人语言与之配套。

机器人语言可以按照其作业描述水平的程度分为动作级编程语言、对象级编程语言和任务级编程语言三类。

6.1.1 动作级编程语言

动作级编程语言是最低级的机器人语言。它以机器人的运动描述为主,通常一条指令对应机器人的一个动作,表示从机器人的一个位姿运动到另一个位姿。动作级编程语言的优点是比较简单,编程容易。其缺点是功能有限,无法进行烦琐、复杂的数学运算,不接受浮点数和字符串,子程序不含有自变量;不能接受复杂的传感器信息,只能接受传感器开关信息;与计算机的通信能力很差。动作级编程语言编程时分为关节级编程和末端执行器级编程两种。

1. 关节级编程

关节级编程是以机器人的关节为对象,编程时给出机器人一系列关节位置的时间序列,在关节坐标系中进行的一种编程方法。对于直角坐标型机器人和圆柱坐标型机器人,由于直角关节和圆柱关节的表示比较简单,这种编程方法较为适用;而对于具有回转关节的关节型机器人,由于关节位置的时间序列表示困难,即使一个简单的动作也要经过许多复杂的运算，故这一方法并不适用。

关节级编程可以通过简单的编程指令来实现，也可以通过示教编程器示教和键入示教实现。然而关节级编程得到的程序没有通用性，因为一台机器人编制的程序一般难以用到另一台机器人上，这样得到的程序也不能模块化，它的扩展也十分困难。

2. 末端执行器级编程

末端执行器级编程在机器人作业空间的直角坐标系中进行。在此直角坐标系中给出机器人末端执行器一系列位姿及组成位姿的时间序列，连同其他一些辅助功能如力觉、触觉、视觉等的时间序列，同时确定作业量、作业工具等，协调地进行机器人动作的控制。

这种编程方法允许有简单的条件分支，有感知功能，可以选择和设定工具，有时还有并行功能，数据实时处理能力强。这种语言的基本特点如下。

① 各关节的求逆变换有系统软件支持进行。
② 数据实时处理且超前于执行阶段。
③ 使用方便，占内存较少。
④ 指令语句有运动指令语言、运算指令语句、输入输出和管理语句等。

6.1.2 对象级编程语言

所谓对象即作业及作业物体本身。对象级编程语言是比动作级编程语言高一级的编程语言，它不需要描述机器人手爪的运动，只要由编程人员用程序的形式给出作业本身顺序过程的描述和环境模型的描述，即描述操作物与操作物之间的关系。通过编译程序机器人即可知道如何动作。

这类语言典型的例子有 AML 及 AUTOPASS 等语言，其特点如下。

① 具有动作级编程语言的全部动作功能。
② 有较强的感知能力，能处理复杂的传感器信息，可以利用传感器信息来修改、更新环境的描述和模型，也可以利用传感器信息进行控制、测试和监督。
③ 具有良好的开放性，语言系统提供了开发平台，用户可以根据需要增加指令，扩展语言功能。
④ 数字计算和数据处理能力强，可以处理浮点数，能与计算机进行即时通信。

对象级编程语言用接近自然语言的方法描述对象的变化。对象级编程语言的运算功能、作业对象的位姿时序、作业量、作业对象承受的力和力矩等都可以表达式的形式出现。系统中机器人尺寸参数、作业对象及工具等参数一般以知识库和数据库的形式存在，系统编译程序时，获取这些信息后对机器人动作过程进行仿真，再进行实现作业对象合适的位姿、获取传感器信息并处理、回避障碍以及与其他设备通信等工作。

6.1.3 任务级编程语言

任务级编程语言是比前两类语言更高级的一种语言，也是最理想的机器人高级语言。这类语言不需要用机器人的动作来描述作业任务，也不需要描述机器人操作物的中间状态，只需要按照某种规则描述机器人操作物的初始状态和最终目标状态，机器人语言系统即可利用已有的环境信息和知识库、数据库自动进行推理、计算，从而自动生成机器人详细的动作、顺序和数据。例如，一装配机器人要完成某一螺钉的装配，螺钉的初始位置和装配后的目标位置已知，当发出抓取螺钉的命令时，语言系统在初始位置到目标位置之间寻找路径，在复杂的作业环境中找出一条不会与周围障碍物产生碰撞的合适路径，在初始位置选择恰当的姿态抓取螺钉，沿此路径运动到目标位置。在此过程中，作业中间状态作业方案的设计、工序的选择、动作的前后安排等一系列问题都由计算机自动完成。

任务级编程语言的结构十分复杂，需要人工智能的理论基础和大型知识库、数据库的支持，目前还不是十分完善，是一种理想状态下的语言，有待于进一步的研究。但可以相信，随着人工智能技术及数据库技术的不断发展，任务级编程语言必将取代其他语言而成为机器人语言的主流，使得机器人的编程、应用变得更加简单。

6.2 编程语言系统

6.2.1 编程语言系统组成

一般计算机语言单指语言本身，而机器人编程语言像一个计算机系统，包括硬件、软件和被控设备。即机器人语言包括语言本身、运行语言的控制器、机器人、作业对象、周围环境和外围设备接口等。机器人编程语言系统的组成如图6-1所示，图中的箭头表示信息的流向。机器人语言的所有指令均通过控制器经过程序的编译、解释后发出控制信号。控制器一方面向机器人发出运动控制信号，另一方面向外围设备发控制信号，外围设备指机器人焊接系统中的电焊机以及机器人搬运系统中的空压机等。周围环境通过感知系统把环境信息通过控制机反馈给语言，而这里的环境是指机器人作业空间内的作业对象位置、姿态以及作业对象之间的相互关系。

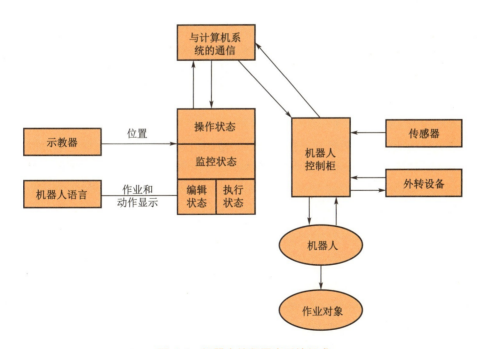

图6-1 机器人编程语言系统组成

6.2.2 编程语言系统基本功能

1. 运算功能

运算功能是机器人最重要的功能之一。对于装有传感器的机器人所进行的主要是解析几何运算,包括机器人的正解、逆解、坐标变换及矢量运算等。根据运算的结果,机器人能自行决定工具或手爪下一步到达何处。

2. 运动功能

运动功能是机器人最基本的功能。机器人的设计目的是用它来代替人的繁复劳动,因此机器人发展到今天,不管其功能多么复杂,动作控制仍然是其基本功能,也是机器人语言系统的基本功能。

机器人的运动功能就是机器人语言用最简单的方法向各关节伺服装置提供一系列关节位置及姿态信息,由伺服系统实现运动。对于具有路径轨迹要求的运动,这一系列位姿必须是路径上点的机器人位姿,且从起始点到终止点,机器人的各关节必须同时开始和同时结束运动,即多关节协调运动。因此,由于机器人各关节运动的位移不一样,机器人的各关节必须以不同的速度运动。图6–2所示为六关节机器人的多轴协调运动。

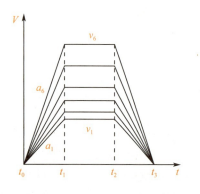

图6–2 六关节机器人的多轴(同时启动、同时停止)协调运动

运动描述的坐标系可以根据需要来定义,如笛卡儿坐标系、关节坐标系、工具坐标系及工件坐标系等,最佳的情况是所定义的坐标系与机器人的形状无关。

运动描述可以分为绝对运动和相对运动。绝对运动是把工具带到工作空间的绝对位置,该位置与本次运动的起始位置无关;相对运动到达的位置与起始位置有关,是对起始位置的一个相对值。一个相对运动的运动子程序能够从最后一个相对运动出发,把工具带回到它的初始位置。

3. 决策功能

所谓决策功能就是指机器人根据作业空间范围内的传感信息不做任何运算而做出的判断决策。这种决策功能一般用条件转移指令由分支程序来实现。条件满足则执行一个分支,不满足则执行另一个分支。决策功能须使用这样一些条件:符号校验(正、负或0)、关系检验(大于、小于、不等于)、布尔校验(开或关、真或假)、逻辑校验(逻辑位值的检验)以及集合校验(一个集合的数、空集等)等。

4. 通信功能

通信功能即机器人系统与操作人员的通信,包括机器人向操作人员要求信息和操作人员获取机器人的状态、人的操作意图等,其中许多通信功能由外部设备来协助提供。

机器人向操作人员提供信息的外部设备有信号灯、绘图仪、图形显示屏、声音或语言合成器等。操作人员对机器人"说话"的外部设备有按钮、旋钮、指压开关、数字键盘、字母键盘、光笔、光标指示器、数字转换板以及光电阅读机等。

5. 工具功能

工具功能包括工具种类及工具号的选择、工具参数的选择及工具的动作（工具的开关、分合）。工具的动作一般由某个开关或触发器的动作来实现，如搬运机器人手爪的开合由气缸上行程开关的触发与否决定，行程开关的两种状态分别发出相应信号使气缸运动，从而完成手爪的开合。

6. 传感数据处理功能

机器人只有与传感器连接起来才能具有感知能力，具有某种智能。如前所述，机器人中的传感器是多种多样的，按照功能来划分，有以下几种：

①力和力矩传感器；

②触觉传感器；

③接近觉传感器；

④视觉传感器。

这些传感器输入和输出信号的形式、性质及强弱不同，往往需要进行大量的复杂运算和处理。如当应用视觉传感器在获取视觉特征数据、辨识物体和进行机器人定位时，对视觉数据的处理往往是大量且费时的。

6.3 典型工业机器人编程语言

我们常用的机器人编程语言都是商用机器人公司自己开发的针对用户的语言，每一个公司的语言都有自己的语法规则和语言形式，如 ABB 公司的 RAPID 语言、KUKA 公司的 KRL 语言等，用户可以使用示教器通过这些语言完成机器人的示教编程；虽然每个机器人的编程语言从表面上看是不同的，但是机器人程序的架构却有相似之处，一般都是按照图 6-3 所示的架构。

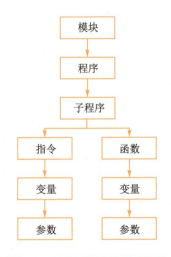

图 6-3　工业机器人程序的架构

6.3.1 RAPID 语言（ABB）

RAPID 语言是 ABB 公司开发的一种英文编程语言，RAPID 语言类似于高级汇编语言，与 VB 和 C 语言结构相似。它所包含的指令可以操纵机器人运动、设置输出、读取输入，还能实现决策、重复指令、构造程序与系统操作人员交流等。ABB 机器人的应用程序使用 RAPID 编程语言编写而成，RAPID 程序的基本架构见表 6–1。

表 6–1 RAPID 程序的基本架构

RAPID 程序			
主模块	程序模块 1	程序模块 2	系统模块
程序数据	程序数据	……	系统数据
主程序 main	例行程序		例行程序
例行程序			
中断程序	中断程序		中断程序
函数程序	函数程序		函数程序

下面我们介绍一下如何使用 RAPID 编程语言编辑一条如图 6–4 所示的简单的运动轨迹。

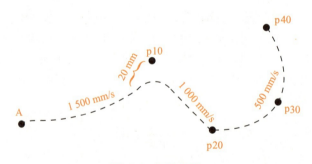

图 6–4 运动轨迹

示教器中实现上述轨迹运行的程序如图 6–5 所示，程序行说明见表 6–2。

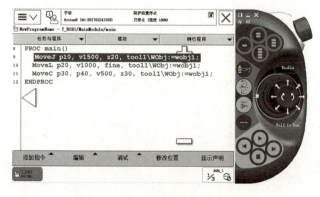

图 6–5 ABB 示教器中的轨迹程序

表 6–2　RAPID 程序行说明

行数	程序说明
8	主程序名称
9	机器人的末端工具从图示 A 点位置向 p10 点以 MoveJ（关节运动）方式前进，速度是 1 500 mm/s，转弯区数据是 20 mm（即距离 p10 点还有 20 mm 的时候开始转弯），使用的工具坐标数据是 tool1，工件坐标数据是 wobj1
10	机器人末端从 p10 向 p20 点以 MoveL（线性运动）方式前进，速度是 1 000 mm/s，转弯区数据是 fine（即在 p20 点速度降为零后进行后续运动），机器人动作有所停顿，使用的工具坐标数据是 tool1，工件坐标数据是 wobj1
11	机器人末端从 p20 以 MoveC（圆弧运动）方式前进，速度是 500 mm/s，向 p40 点移动。圆弧的曲率根据 p30 点的位置计算，使用的工具坐标数据是 tool1，工件坐标数据是 wobj1
12	程序结束

6.3.2　KRL 语言（KUKA）

KUKA 的机器人编程语言简称 KRL，是一种类似 C 语言的文本型语言，它所包含的指令的功能和 RAPID 语言类似，同样能够完成程序初始化、操纵机器人运动、设置输出、读取输入、构造程序等。KUKA 机器人的应用程序是使用 KRL 编程语言编写而成的，一个完整的程序结构包括主程序、初始化程序、子程序。

下面我们介绍一下如何使用 KRL 编程语言编写如图 6–4 所示的运动轨迹，示教器中轨迹程序如图 6–6 所示，程序行说明见表 6–3。

图 6–6　KUKA 示教器中轨迹程序

表 6-3　KRL 程序行说明

行数	程序说明
1	程序名称
2	包含内部变量和参数初始化的内容
3	机器人的末端工具从图示 A 点位置向 p10 点以 PTP（点到点）的运动方式前进，速度是 80% 标准速度，CONT 是轨迹逼近功能，圆弧过渡距离 20 mm 可以在 PDAT1 中设置，使用的工具坐标系是 Tool［4］：gongju，工件坐标系是 Base［8］：base
4	机器人的末端工具从 p10 点向 p20 点以 LIN（直线）运动方式前进，速度是 1 m/s，使用的工具坐标系是 Tool［4］：gongju，工件坐标系是 Base［8］：base
5	机器人末端 P 从 p20 以 CIRC（圆弧）运动方式前进，速度是 0.5 m/s，向 p40 点移动，p30 为中间辅助点位。使用的工具坐标系是 Tool［4］：gongju，工件坐标系是 Base［8］：base
6	程序结束

6.3.3　KAREL 语言（FANUC）

FANUC 的机器人编程语言简称 KAREL，是一种类似 C 语言的文本型语言，它所包含的指令的功能和 RAPID 语言类似，同样能够完成程序初始化、操纵机器人运动、设置输出、读取输入、构造程序等。FANUC 机器人的应用程序使用 KRL 编程语言编写而成，一个完整的程序结构包括主程序、初始化程序、子程序。

下面我们介绍一下如何使用 KAREL 编程语言编写如图 6-4 所示的运动轨迹，示教器中轨迹程序如图 6-7 所示，程序行说明见表 6-4。

```
1:   UFRAME_NUM=2
2: J  P［10］ 80% CNT20
3: L  P［20］ 1000 mm/sec FINE
4: C  P［30］
        P［40］ 500 mm/sec FINE
 ［End］
```

图 6-7　FANUC 示教器中轨迹程序

表 6-4　KAREL 程序行说明

行数	程序说明
1	机器人选取 2 号基坐标系，后续运动均以此坐标系为准
2	机器人的末端工具从 A 点位置向 p10 点以 J（关节）的运动方式前进，速度是 80% 标准速度，CNT 是轨迹逼近功能，圆弧过渡距离为 20 mm

表 6-4（续）

行数	程序说明
3	机器人的末端工具从 p10 点向 p20 点以 L（直线）运动方式前进，速度是 1 m/s
4	机器人末端 P 从 p20 以 C（圆弧）运动方式前进，速度是 0.5 m/s，向 p40 点移动，p30 为中间辅助点位
5	程序结束

6.4 编程方式

6.4.1 在线示教编程

在线示教编程是一项成熟的技术，它是目前大多数工业机器人的编程方式。在线示教编程一般分为拖动示教和示教器示教两种方式。

1. 拖动示教编程

所谓拖动示教，就是我们通常所说的手把手示教，由人直接拖动机器人的手臂引导末端执行器经过所要求的位置，同时由传感器检测出工业机器人各个关节处的坐标值、力矩等，并由控制系统记录、存储下这些数据信息，如图 6-8 所示。拖动示教的方式有两种：一种是直接拖动示教，让机器人手臂处于自由状态，用人力直接拖动机器人的直接移动方式；另一种是间接拖动示教，预先准备一专门用来进行示教的手臂，操纵这个手臂的手部，沿着预先设定的轨迹运动，同时把手臂在运动中的位置和姿态信息存储起来，根据存储的数据即可对机器人进行示教，如图 6-9 所示。后者这种示教方式一般应用于负载较大的工业机器人。

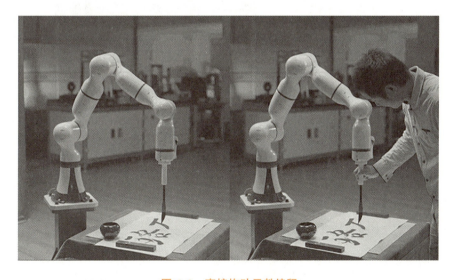

图 6-8 直接拖动示教编程

2. 示教器示教编程

示教器示教编程方式是人工利用示教器上具有各种功能的按钮来驱动工业机器人的各关节轴，按作业所需要的顺序单轴运动或多关节协调运动到达目标点位，从而完成运动动作和通信等功能的示教编程，如图6-10所示为作业员通过示教器操纵机器人的动作。

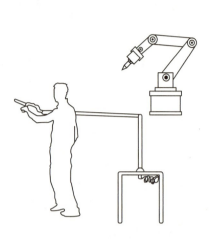

图6-9　间接拖动示教编程　　　　图6-10　作业员通过示教器操纵机器人的动作

示教器示教具有在线示教的典型优势，操作简便直观。当我们要控制机器人运动时，可以在示教器上直接设置机器人的点位信息、末端执行器的运动速度、运动路径（如直线、圆弧等）、连续轨迹中的转弯区数据、运动依据的工件或工具坐标系等内容，这些指令都可以从示教器的指令库中直接调用选取，如图6-11所示为示教器中插入的运动指令。

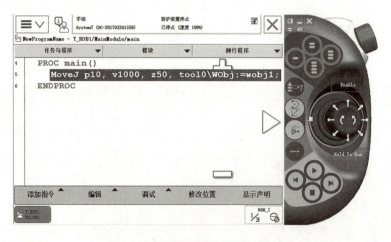

图6-11　示教器中插入的运动指令

6.4.2　离线示教编程

在编程过程中不使用真实的工业机器人，而是在专门的离线编程软件环境下，用专用或通用程序在脱离实际作业环境下生成示教数据的方法称为离线示教编程法。离线编程的程序通过离线编程软件的解释或编译产生目标程序代码，最后生成机器人路径规划数据。一些离线编程软件带有仿真功能，可以在不接触实际机器人工作环境的情况下，构建和机器人进行交互作用的虚拟环境。

1. 离线示教编程的步骤

（1）搭建离线编程场景

离线编程的工作场景和真实生产过程的场景相似，它包含工业机器人、工具、需要加工的零件等，为了符合真实生产需要，我们可以将外部三维软件绘制的等比例缩放三维模型导入到离线编程软件中。如图 6-12 所示为工业机器人油盘涂胶离线编程环境搭建示例。

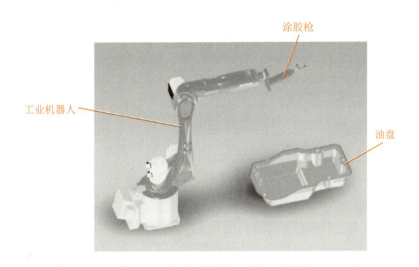

图 6-12　工业机器人油盘涂胶离线编程环境搭建（PQ Art）

（2）工具和工件的位置校准

为了使离线环境中的工作场景和实际加工现场的实际点位信息对应起来，需要在离线软件中对工具、工件位置进行校准。如图 6-13 所示为工具和工件位置调整后的机器人姿态及油盘位置。

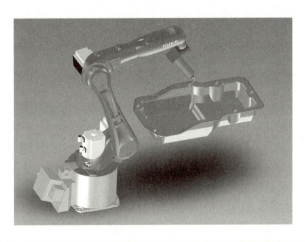

图 6-13　工具和工件位置调整后的机器人姿态及油盘位置（PQ Art）

(3)机器人运动轨迹的规划及生成

考虑到机器人自身的运动范围以及合理的生产作业时间,需要为机器人进行合理的轨迹规划,轨迹规划完成后便可以生成机器人运动轨迹。如图6-14所示为机器人涂胶轨迹。

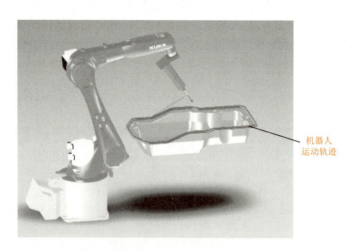

图6-14　机器人涂胶轨迹(PQ Art)

(4)虚拟仿真加工

虚拟仿真加工即软件系统根据执行仿真文件的程序代码,对任务规划和路径规划的结果进行三维图形动画仿真,模拟整个作业的完成情况;同时检查发生碰撞的可能性及机器人的运动轨迹是否可达且合理,为离线编程结果的可行性提供参考,如图6-15所示为机器人虚拟仿真加工过程。

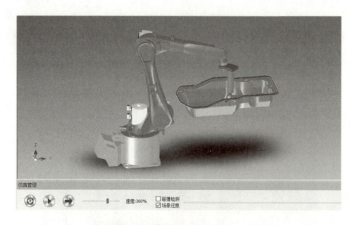

图6-15　虚拟仿真加工(PQ Art)

(5)程序的后置处理

如图6-16所示为将编辑完的运动轨迹进行程序的后置处理,我们可以将导出的程序导入到真实机器人的示教器中。至此,一个完整的离线编程过程就完成了。

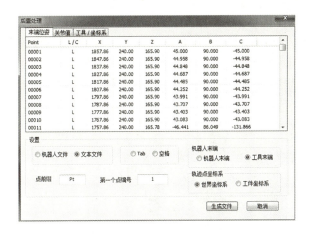

图 6-16　程序的后置处理（PQ Art）

2. 离线示教编程的优势

目前，在国内外生产中应用的机器人系统大多为示教再现型，示教再现型机器人在实际生产应用中仍存在一些不足，与在线示教编程相比，离线示教编程具有如下优点。

（1）减少机器人停机时间。当对机器人下一个任务进行编程时，机器人仍可在生产线上工作，编程不占用机器人的工作时间。

（2）改善了编程环境，能使编程者远离危险的工作环境。

（3）离线编程系统使用范围广，可以对各种机器人进行编程，并能方便地实现优化编程。

（4）便于和 CAD/CAM（计算机辅助设计 / 计算机辅助制造）系统结合使用，大大缩短产品验证和实际生产时间。

（5）可使用高级计算机编程语言对复杂任务进行编程。

（6）便于修改机器人程序。

3. 常用离线编程软件

机器人离线编程软件大概可以分为以下两类。

第一类是通用型离线编程软件，这类软件一般都由第三方软件公司负责开发和维护，不单独依托某一品牌机器人。换句话说，通用型离线编程软件可以支持多品牌机器人的轨迹编程、仿真和程序后置输出。这类软件优缺点均很明显，优点是支持的机器人品牌较多，通用性好，缺点就是对某一品牌的机器人的支持力度不如专用型离线编程软件的支持力度高。

第二类是专用型离线编程软件，这类软件一般由机器人本体厂家自行或者委托第三方软件公司开发维护。这类软件有一个特点，就是只支持本品牌的机器人仿真、编程和程序后置输出。由于开发人员可以拿到机器人底层数据通信接口，所以这类离线编程软件具有更强大和实用的功能，与机器人本体兼容性也更好。

（1）通用型离线编程软件

① RobotMaster

RobotMaster 软件无缝隙架构于 Mastercam 系统（一种 CAD/CAM 软件）内，可以进行机器人编程，模拟和直接产生加工程序码，它支持市场上绝大多数机器人品牌，包括发那科（FANUC）、ABB、莫托曼（MOTOMAN）、库卡（KUKA）、史陶比尔（STAUBLI）、三菱（MITSUBISHI）、珂玛、松下等。RobotMaster 离线编程软件的界面如图 6-17 所示。

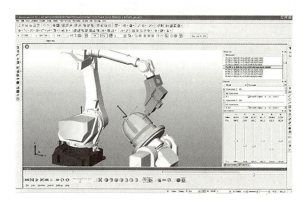

图 6-17　RobotMaster 离线编程软件的界面

RobotMaster 可以应用于激光切割、打磨、焊接、喷涂、研磨等领域，其优点是可以按照产品的模型生成程序。软件带有优化功能，运动学规划和碰撞检测非常精确，且支持外部轴（直线导轨系统、旋转系统等）和复合外部轴组合系统；其缺点则是暂时不支持多台机器人同时模拟仿真。

② RobotWorks

RobotWorks 为集成在三维 CAD 软件 SolidWorks 中的机器人离线编程软件，它能够读取各种数据格式的三维模型，由于与 SolidWorks 进行了集成，RobotWorks 是作为 SolidWorks 界面中的附加选项存在的，如图 6-18 所示。其编制机器人控制程序的步骤非常简单，读入机器人模型和工作形态后，基本上只需 4 个步骤即可完成。

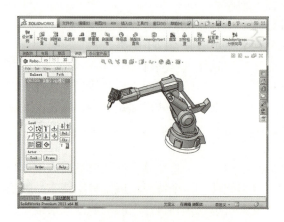

图 6-18　RobotWorks 离线编程软件的界面

RobotWorks 可以生成 FANUC、安川、川崎、ABB、KUKA 及 STAUBLI 等品牌机器人的程序，同时在 RobotWorks 中内置了上述公司主要产品的机器人模型。

③ RobotMove

RobotMove 是 Qdesign 公司开发的机器人离线编程仿真软件，支持市面上大多数品牌的机器人，它能够利用传统 CAM 软件生成的运动路径生成机器人程序并进行机器人仿真，如图 6-19 所示。

RobotMove 同时带有工作空间检查、奇异性检查、碰撞检查、工作时间计算、离线示教等功能。它最多能够支持六个外部轴，既可以将机器人安装在导轨或转台上，也可以将工件安装在变位机上，RobotMove 已经在诸多工业领域得到过许多成功的应用。

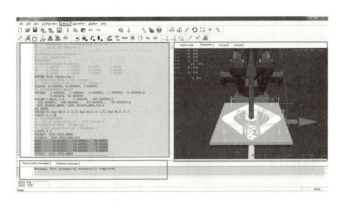

图 6-19　RobotMove 离线编程软件的界面

④ PQArt 工业机器人离线编程软件。

PQArt 工业机器人离线编程软件是北京华航唯实机器人科技股份有限公司研发的工业机器人离线编程软件，它兼容了目前市面上所有主流的工业机器人品牌，如图 6-20 所示为软件的操作界面。其利用计算机图形学，在计算机上建立机器人及其工作环境的模型，开发规划算法，通过对模型的控制和操作对机器人进行轨迹规划，生成机器人控制程序。

PQArt 可以生成机器人运动轨迹或使用通用 CAD/CAM 系统（如 CATIA、MasterCAM 等）生成的 G 代码或 APT 代码作为加工轨迹。获取轨迹之后，PQArt 进行运动仿真、碰撞检查、代码优化等操作，以校验出机器人加工的正确性和可达性。同时，该系统还可以自由定义末端执行器、工装、导轨、旋转台等其他外围设备。仿真优化完成后，可将优化后的机器人控制代码后置输出，进而导入机器人进行实际加工。

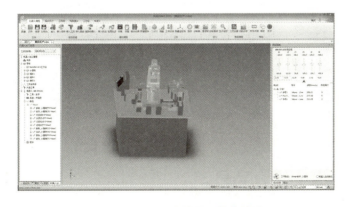

图 6-20　PQArt 离线编程软件的界面

（2）专用型离线编程软件

① RobotStudio

如图 6-21 所示为 ABB 机器人公司开发的 RobotStudio 软件，它使用图形化编程，编辑和调试机器人系统来创建机器人的运行轨迹，并模拟优化现有的机器人程序。此软件支持各种主流 CAD 格式的三维数据，且具有路径自动跟踪、离线程序编辑、路径优化、可达性分析、碰撞检测等功能。机器人程序无须任何转换便可直接下载到实际机器人系统进行使用，大大提升了编程效率。

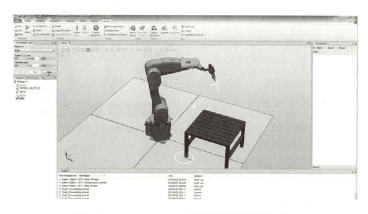

图 6-21　RobotStudio 离线编程软件的界面

② KUKA Sim Pro

KUKA Sim Pro 是一款专为使用库卡机器人设备所设计的离线编程仿真软件，用于建立三维布局，可进行离线编程、模拟仿真、检查各种布局设计和方案，如图 6-22 所示。

KUKA Sim Pro 软件支持多种 CAD 格式模型导入，借助库卡虚拟机器人控制系统 KUKA.OfficeLite 直接编写机器人程序，可以省去离线编程软件程序后置处理的步骤。在现场生成的机器人程序可导入 KUKA.OfficeLite，这样就可以在 KUKA.Sim Pro 中查验程序。KUKA.Sim Pro 实时与库卡虚拟控制系统 KUKA.OfficeLite 连接，该软件与真正在库卡机器人控制系统上运行的软件几乎完全相同。

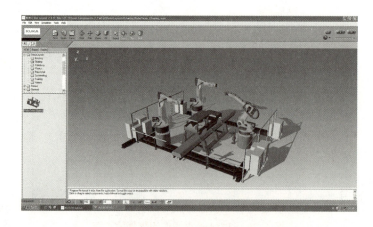

图 6-22　KUKA Sim Pro 离线编程软件的界面

③ RobotGuide

RobotGuide 是一款支持 FANUC 机器人系统布局设计和动作模拟仿真的软件，它可以进行系统方案的布局设计、机器人行程可达性分析和碰撞检测，还能够自动生成机器人的离线程序、进行机器人故障的诊断和程序的优化等，软件界面如图 6–23 所示。

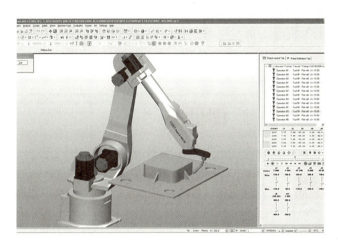

图 6–23　RobotGuide 离线编程软件的界面

使用 RobotGuide 可以高效地设计机器人系统，减少系统搭建的时间。RobotGuide 提供了便捷的功能支持程序和布局的设计，在不使用真实机器人的情况下，可以较容易地设计机器人系统。

④ MOTOSIM EG

MOTOSIM EG 软件是 MOTOMAN 安川机器人离线编程计算机软件，其界面如图 6–24 所示。使用 MOTOSIM EG 可在计算机上方便地进行机器人作业程序编制及模拟仿真演示。MOTOSIM EG 包含有绝大部分安川机器人现有机型的结构数据，因此可对多种机器人进行操作编程。它还提供了 CAD 功能，使用者可以在软件中自行构造出各种工件和工作站周边设备，与机器人一起构成机器人系统，模拟真实系统。

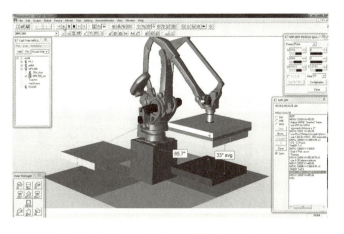

图 6–24　MOTOSIM EG 离线编程软件的界面

6.5 工业机器人离线编程技术

6.5.1 离线编程系统组成

如图 6–25 所示为机器人离线编程系统的结构框图，主要由用户接口、机器人系统的三维几何构造、运动学计算、轨迹规划、动力学仿真、传感器仿真、并行操作、通信接口和误差校正九部分组成。

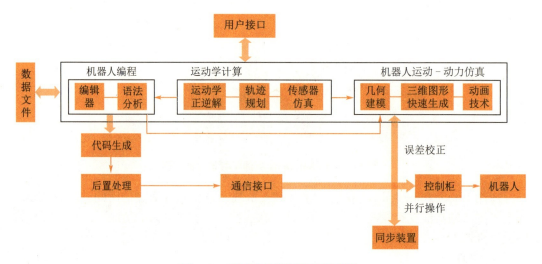

图 6–25　机器人离线编程系统结构

1. 用户接口

用户接口即人机界面，是计算机和操作人员之间信息交互的唯一途径，它的方便与否直接影响了离线编程系统的优劣。设计离线编程系统方案时，就应该考虑建立一个方便实用、界面直观的用户接口，通过它产生机器人系统编程的环境并快捷地进行人机交互。如图 6–26 所示，离线编程的用户接口一般要求具有图形仿真界面和文本编辑界面。文本编辑界面用于对机器人程序的编辑、编译等，而图形界面用于对机器人及环境的图形仿真和编辑。用户可以通过操作鼠标和光标等交互工具改变屏幕上机器人及环境几何模型的位置和形态。通过通信接口及联机至用户接口可以实现对实际机器人的控制，使之在同一文件数据下与屏幕机器人的位姿保持一致。

2. 机器人系统的三维几何构造

三维几何构造是离线编程的特色之一，正是有了三维几何构造模型才能进行图形及环境的仿真。

三维几何构造的方法有结构立体几何表示、扫描变换表示及边界表示三种。其中边界表示最便于形体的数字表示、运算、修改和显示，扫描变换表示便于生成轴对称图形，而结构立体几何表示所覆盖的形体较多。机器人的三维几何构造一般采用这三种方法的综合形式。

三维几何构造时要考虑用户使用的方便性，构造后要能够自动生成机器人系统的图形信息和拓扑信息，便于修改，并保证构造的通用性。

三维几何构造的核心是机器人及其环境的图形构造。作为整个生产线或生产系统的一部分，构造的机器人、夹具、零件和工具的三维几何图形最好用现成的 CAD 模型从 CAD 系统获得，这样可实现 CAD 数据共享，即离线编程系统作为 CAD 系统的一部分。如离线编程系统独立于 CAD 系统，则必须有适当的接口实现与 CAD 系统的连接。

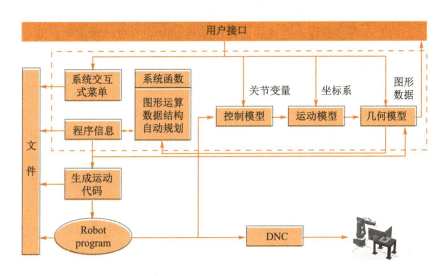

图 6–26　用户接口和整个系统的联系

构建三维几何模型时最好将机器人系统进行适当简化，仅保留其外部特征和构件间的相互关系，忽略构件内部细节。这是因为三维构造的目的不是研究其内部结构，而是用图形方式模拟机器人的运动过程，检验运动轨迹的正确性和合理性。

3. 运动学计算

机器人的运动学计算分为运动学正解和运动学逆解两个方面。所谓机器人的运动学正解是指已知机器人的几何参数和关节变量值，求出机器人末端执行器相对于基座坐标系的位置和姿态。所谓机器人的逆解是指给出机器人末端执行器的位置和姿态及机器人的几何参数，反过来求各个关节的关节变量值，也即求机器人的形态。机器人的正、逆解是一个复杂的数学运算过程，尤其是逆解需要解高阶矩阵方程，求解过程非常复杂，而且每一种机器人正、逆解的推导过程又不同。所以在机器人的运动学求解中人们一直在寻求一种正、逆解的通用求解方法，这种方法能适用于大多数机器人的求解。这一目标如果能在机器人离线编程系统中加以解决，即在该系统中能自动生成运动学方程并求解，则离线编程系统的适应性就强。

从计算角度而言，离线编程系统可以代替机器人控制柜的逆运动学。在此，离线编程系统与机器人控制柜的通信方式有两种选择：第一种是将机器人关节坐标值通信给控制柜；第二种是将笛卡儿坐标值传输至控制柜。相对而言当机器人制造商提供了具体的机器人的逆解方程时，第二种方案则优势更大。

4. 轨迹规划

轨迹规划的目的是生成关节空间或直角空间内机器人的运动轨迹。离线编程系统中的轨迹规划是生成机器人虚拟工作环境下虚拟机器人的运动轨迹。机器人的运动轨迹有两种:一种是点到点的自由运动轨迹,这样的运动只要求起始点和终止点的位姿及速度和加速度,对中间过程机器人运动参数无任何要求,离线编程系统自动选择各关节状态最佳的一条路径来实现这种运动形态;另一种是对路径形态有要求的连续路径控制,当离线编程系统实现这种轨迹时,轨迹规划器接受预定路径和速度、加速度要求,当路径为直线、圆弧等形态时,除了保证路径起点和终点的位姿、速度及加速度以外,还必须按照路径形态和误差的要求用插补的方法求出一系列路径中间点的位姿、速度及加速度。在连续路径控制中,离线编程系统往往还需要进行障碍物的防碰撞检测。

5. 动力学仿真

用离线编程系统根据运动轨迹要求求出的机器人运动轨迹,理论上能满足路径的轨迹规划要求。当机器人的负载较轻或空载时,确实不会因机器人动力学特性的变化而引起太大误差,但当机器人处于高速或重载的情况下时,机器人的机构或关节可能产生变形而引起轨迹位置和姿态的较大误差。这时就需要对轨迹规划进行机器人动力学仿真,对过大的轨迹误差进行修正。

动力学仿真是离线编程系统实时仿真的重要功能之一,因为只有模拟机器人实际的工作环境(包括负载情况),仿真的结果才能用于实际生产。

6. 传感器仿真

传感器信号的仿真及误差校正也是离线编程系统的重要内容之一。仿真也是通过几何图形进行。如图6-27所示为触觉和接近觉传感器的几何模型,对于触觉信息的获取,可以将触觉阵列的几何模型分解成一些小的几何块阵列,然后通过对每一个几何块和物体间干涉的检查,并将所有和物体发生干涉的几何块用颜色编码,通过图形显示而获得接触信息。

接近觉传感器也可以利用几何模型间的干涉检查来仿真,此时传感器的几何模型可用一长方体表示,长方体的大小即为传感器所测量的范围,将长方体分块,每一块表示传感器所测量的一个单位,通过计算机传感器模型的每一块和外接物体相交的集合,进行接近觉的仿真。

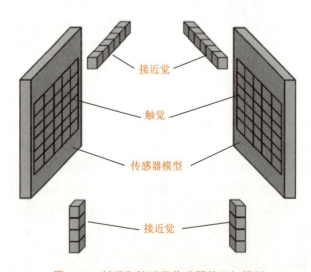

图6-27 触觉和接近觉传感器的几何模型

7. 并行操作

如图 6-28 所示为并行操作的执行环境，有些应用工业机器人的场合须用两台或两台以上的机器人，还可能有其他与机器人有同步要求的装置，如输送带、变位机及视觉系统等，这些设备必须在同一作业环境中协调工作。这时不仅需要对单个机器人或同步装置进行仿真，还需要同一时刻对多个装置进行仿真，即所谓的并行操作。所以离线编程系统必须提供并行操作的环境。

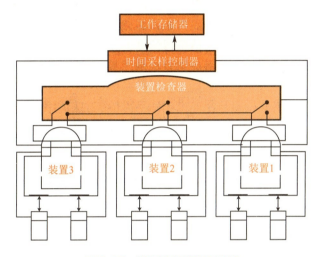

图 6-28 并行操作的执行环境

8. 通信接口

一般工业机器人提供两个通信接口：一个是示教接口，用于示教器（示教盒）与机器人控制柜的连接，通过该接口把示教编程器的程序信息输出；另一个是程序接口，该接口与具有机器人语言环境的计算机相连，离线编程系统也通过该接口输出信息给控制机。所以通信接口是离线编程系统和机器人控制器之间信息传递的桥梁，利用通信接口可以把离线编程系统仿真生成的机器人运动程序转换成机器人控制柜能接受的信息。通信接口的发展方向是接口的标准化。标准化的通信接口能将机器人仿真程序转化为各种机器人控制柜均能接受的数据格式。

9. 误差校正

由于离线编程系统中的机器人仿真模型与实际的机器人模型之间存在误差，所以离线编程系统中误差校正的环节是必不可少的。误差产生的原因很多，主要有以下方面。

（1）机器人的几何精度误差

离线编程系统中的机器人模型是用数字表示的理想模型，同一型号机器人的模型数字是相同的，而实际环境中所使用的机器人由于制造精度误差，其尺寸会有一定的出入，这种出入为几何精度误差。

（2）动力学变形误差

机器人在重载的情况下因弹性变形产生机器人连杆的弯曲，从而导致的机器人位置和姿态误差为动力学变形误差。

（3）控制器及离线编程系统的字长

控制器和离线编程系统的字长决定了运算数据的位数，字长大则精度高。

（4）控制算法

不同的控制算法其运算结果具有不同的精度。

（5）工作环境

在工作空间内，有时环境与理想状态相比变化较大，会使机器人位姿产生误差，如温度变化产生的机器人变形。

以上这些因素，都会导致离线编程系统在工作时产生较大的误差，导致实际的工业机器人并不处在理想的位置。如何有效消除误差，是离线编程系统实用化的关键。目前误差校正的方法主要有两种：一是基准点方法，即在工作空间内选择一些基准点（一般不少于三点），这些基准点具有比较高的位置精度，由离线编程系统规划使机器人运动到这些基准点，通过两者之间的差异形成误差补偿函数；二是利用传感器形成反馈，在离线编程系统所提供的机器人位置的基础上，局部精确定位（靠传感器来完成）。第一种方法主要用于精度要求不太高的场合，如喷涂；第二种方法适用于较高精度要求的场合，如装配。

6.5.2 离线编程系统的发展和拓展

在离线编程系统的基础上，还可进一步集成某些更加先进的功能，譬如机器人布局、自动规划、自动调度和作业仿真等。

1. 机器人作业总体布局

离线编程系统的基本任务之一是确定作业单元的总体布局，并使机器人必须到达全部工作点，其中包含选用适当的机器人、工件和夹具的布置。这一工作在仿真环境下反复试验完成，比在真实环境下更加有效和省力。并且预先可以自动搜索机器人和工件位姿的可行解，从而大大减少用户的工作量和费用。

自动布局可采用直接搜索或启发式搜索技术。因为大部分机器人都安装在地面或车间顶面，并且第一个关节是绕垂直轴回转的，所以机器人基座的三维布局一般可简化为平面问题。这一类搜索可按某种准则进行优化，或者找到机器人和工件的第一个可行位姿布局即可。这里所谓的可行，是指机器人能够无碰撞地到达所有工作点。也可更加严格的定义，比较合理的准则可以采用前面讨论过的可操作性、各向同性等性能指标。这样自动布局所得到的结果使机器人不仅可以到达所有工作点，且具有良态形位。

2. 避免碰撞和路径优化

无碰路径规划和时间最优路径规划是离线编程最为重要的部分，与之相关的问题有：利用6个自由度的机器人进行仅有5个自由度几何规定弧焊作业；冗余度机器人进行避免碰撞和回避奇异性的自动规划等。

3. 协调运动的自动规划

许多弧焊作业要求工件与重力矢量在焊接过程中要保持一定的关系，因而把工件安装在2个或3个自由度的定向系统上，并与机器人同时协调运动。这种作业系统可能具有9个或更多的自由度协调动作，当前大多采用示教器编程。对于这种作业的协调运动进行自动综合的规划系统将具有重要的实际意义。

4. 力控制系统的仿真

可以建立对于各种机器人力控制策略进行仿真的仿真环境。这个问题的难点在于某

工业机器人运动轨迹离线仿真

些表面性质的建模，以及各种接触情况所引起的约束状态的动态仿真。在局部约束环境下，可用离线编程系统评估各种力控制装配操作的可行性。

5. 自动调度

机器人编程中存在许多几何问题，同时还经常碰到更为麻烦的调度和通信问题。特别是将单作业单元扩展到多作业单元进行仿真时更为如此，规划相互作用过程的调度问题是十分困难的，这一问题当前仍处于正在研究的领域。离线编程将成为这一领域研究的理想检验手段。

6. 误差和公差的自动评估

离线编程系统可对定位误差源进行建模，可对带缺陷传感器的数据影响进行建模，因而使得环境模型包含各种误差界限和公差信息。用离线编程系统可以评估不同的定位和装配任务成功的概率，同时可以提示采用何种传感器、如何放置有关传感器，以纠正可能出现的各种问题。

【知识评测】

1. 选择题

（1）下列属于通用型机器人离线编程软件的是（　　）

A.RobotStudio　　　　B.KUKA Sim Pro　　　C.PQArt　　　　D.RoboGuide

（2）"UFRAME_NUM=1"语句属于下列哪类编程语言？（　　）

A.Karel 语言　　　　B.RAPID 语言　　　　C.KRL 语言　　　　D.C++ 语言

2. 填空题

（1）机器人语言可以按照其作业描述水平的程度分为动作级编程语言、_____编程语言和_____编程语言三类。

（2）工业机器人动作级编程语言编程时分为_____和_____两种。

3. 简答题

（1）简述编程语言系统的基本组成和功能。

（2）简述离线编程系统的组成。

第7章 工业机器人的末端执行器

7.1 末端执行器的分类

7.1.1 末端执行器认知

工业机器人是一种通用性强的自动化设备,末端执行器是其实现自动化生产的执行工具。工业机器人的末端执行器相当于人的手,可以实现机器人对工具(工件)的拾取、装配、持握和释放等操作。

机器人末端执行器是指任何一个安装在机器人手部末端关节上,且具有一定功能的工具。工业机器人在工作中,通过手腕和手臂与末端执行器的协调以完成作业任务,所以末端执行器的作业精度是工业机器人能否高效应用的关键之一。大多数末端执行器的结构和尺寸都是根据其不同的工作场景和要求而设计的,因而在结构形式上是多种多样的,如图7-1所示。

涂胶工具　　夹爪工具　　吸盘工具　　锁螺丝工具

图7-1　末端执行器

7.1.2 末端执行器种类

工业机器人末端执行器根据用途和结构的不同,大致可分为拾取工具和专用工具两大类。

其中拾取工具是指能够拾取一个对象(工具或工件),并对拾取对象进行运输和放置等操作的机构,常见的有机械夹持式末端执行器和吸附式末端执行器等。

机械式夹持器（图 7-2）通过夹紧力夹持和运输物体，多为单点支承或双点支承的指爪式。

吸附式末端执行器（又称吸盘），有气吸式和磁吸式两种，如图 7-3 所示。气吸式末端执行器利用吸盘内负压产生的吸力吸取对象，再由机器人搬运移动；磁吸式末端执行器分为电磁吸盘式和永磁吸盘式两大类，是指利用磁场作用进行工件拾取的工具。相较于气吸式末端拾取工件而言，磁吸式末端拾取工具在应用中具有更高的局限性，因为其作用对象须是具铁磁性的工件。

图 7-2　机械式夹持器　　　　图 7-3　吸附式末端执行器

专用工具（图 7-4）大多在行业中有特殊作用的场合进行应用，如机器人弧焊焊枪、机器人喷涂喷枪和机器人打磨布轮等。

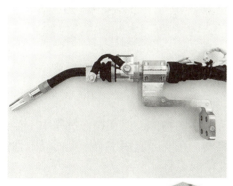 

图 7-4　专用工具

7.2 拾取工具

7.2.1 机械夹持式拾取工具

目前在工业生产应用中,机械夹持式拾取工具应用较多。根据其结构、性能和应用方式分为四大类:简单的夹持机构、多夹持机构、柔性夹持机构和仿人手型夹持机构。

1. 简单的夹持机构

简单的夹持机构,如夹爪,只适合夹取规则的物体,多为气动驱动,应用范围有限,但结构简单、造价低廉,如图 7-5 所示为气动夹爪。

2. 多夹持机构

多夹持机构主要用于抓取对象种类较多,抓取对象外形变化较大的场合,如图 7-6 所示。这样在操作过程中机器人可一次性夹持多种或多个对象,节省了更换工具时间,但是结构复杂,增加机器人腕部的负载。

图 7-5 气动夹爪

图 7-6 多夹持机构

3. 柔性夹持机构

柔性夹持机构可拾取形状变化大且要求夹持力小的物体,但在操作过程中不存在固定不变的夹持形心,无法精确控制物体的空间位姿,在实际应用中有一定的局限性。如图 7-7 所示为并联机器人末端上使用的一种柔性拾取工具。

图 7-7 并联机器人的柔性末端拾取工具

4. 仿人手型夹持机构

仿人手型夹持机构与人手相似，具有多个可独立驱动的关节，如图 7-8 所示。在操作过程中，其通过各独立关节的移动和旋转，调整被抓取物体的位姿，可以提高作业的准确性，应用前景广阔。

图 7-8 仿人手型夹持机构

7.2.2 气吸式末端拾取工具

气吸式末端拾取工具的吸盘（多为橡胶或塑料）可以根据不同工作生产需求，做成单吸盘、多吸盘和不规则形状的吸盘等。按形成负压的方法的不同，气吸式末端拾取工具吸盘有挤压排气式、气流负压式和真空泵排气式，其结构及工作原理见表 7-1。

工业机器人的气压驱动方式

表 7-1 常见气吸式末端拾取工具的结构及工作原理

名称	常见结构	工作原理
挤压排气式吸盘		其利用挤压力将吸盘内的空气排出，从而形成负压，吸住工件完成拾取。挤压排气式吸盘结构简单，成本低，多用于轻薄物体的吸取
气流负压式吸盘		其利用气泵压缩空气形成高速射流，将吸盘腔内的空气带走形成负压，使得物体被吸盘吸住，实现工件的拾取。它的结构简单，成本低，但工作噪声大

表 7-1（续）

名称	常见结构	工作原理
真空泵排气式吸盘	（抽气、吸盘、工作示意图）	其利用真空泵抽出吸盘与工件间的空气，形成负压达到吸住工件的效果，在停止抽空气后，通进大气即可实现工件的松开。真空泵排气式吸盘的吸力取决于吸附面积和吸盘腔内的真空度，工作可靠，吸力大，可用于拾取规格较大的工件

气吸式末端拾取工具适用于拾取表面光滑平整的工件，在工作过程中能有效地保护工件表面，但吸盘是耗材，需要定期更换。气吸式末端拾取工具常被用于板材、玻璃、薄壁零件等的搬运和输送，如图 7-9 所示。

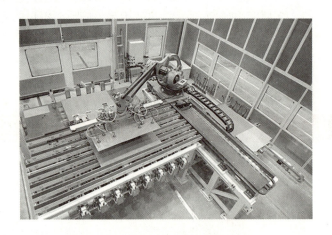

图 7-9　气吸式末端拾取工具搬运工件

7.2.3　磁吸式末端拾取工具

1. 电磁吸盘

电磁吸盘通过线圈中感应电流产生的磁力吸住铁磁性工件。电磁吸盘的线圈通电时，吸住被拾取对象，切断线圈电流则可释放被拾取对象。电磁吸盘在工作过程中，线圈通电会产生热，易导致工件热变形。

2. 永磁吸盘

永磁吸盘与电磁吸盘最大的区别在于不需要通电，它是利用磁通的连续性原理以及磁场的叠加原理进行工作的。永磁吸盘内的永久磁钢由多个磁系（即磁极或磁极对）形成磁路（磁通形成的闭合路径），在工作过程中，通过磁系的运动，叠加或削减工作磁极面上的磁场强度，进而达到工件的拾取和释放。当吸盘处于图7-10（a）所示状态时，磁系形成的磁路不通过吸盘的工作极面，对工件没有产生吸力，达到释放工件的目的；当吸盘处于如图7-10（b）所示状态时，磁系发生变化，形成的磁路通过吸盘的工作极面，对工件产生吸力，完成工件的拾取。

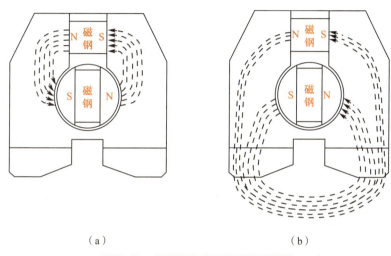

（a）　　　　　　　　　　　（b）

图7-10　永磁吸盘的工作原理示意图

7.3　快换装置

加工企业通常采购的工业机器人都不包含末端执行器，一般通过自行配备和更换机器人末端执行器使机器人完成不同的生产工艺。在工业生产中，通常是由一台机器人完成几道加工工序，但是不同的加工工序所使用的末端执行器可能会不同，因此，在作业过程中需要机器人自动更换不同的末端执行器，以实现快速的工业自动化生产。这是如何实现的呢？

快换装置的工业应用

较简单的方法便是用成对的可拆卸法兰盘状金属连接零件，作为快速连接和断开末端执行器与机器人手腕末端的机械接口来完成装载和释放执行器的任务，这种接口就是机器人末端执行器快换装置。为了实现快速和自动更换末端执行器，接口的连接和断开一般采用气动控制、液压控制或电磁控制。在目前生产中，大多数的快换装置使用气动控制方式。

如图7-11所示，快换装置分为主接端口和被接端口两部分，其中①为主接端口（主盘），安装在机器人手腕末端法兰上；②为被接端口（工具盘），安装在末端执行器上。根据控制介质的不同，在端口上设计有可以连通和传递电信号、气体或水等介质的不同阀口，为快换装置提供动力源从而实现自动锁紧和释放功能。在使用时，只需给机器人腕部末端配置一个主端口，再将与主端口相适应的被接端口安装在末端执行器上，通过控制电气路信号,便可在生产作业过程中轻松完成各工序所需工具的更换,达到一机多用的目的。

快换装置可在数秒内实现单一功能的末端执行器间的快速更换,节省完成指定任务的时间,提高生产效率。执行器快换装置使单个机器人能通过更换不同的执行器,提高生产柔性,被广泛应用于自动弧焊、材料的抓取、搬运、装配、去毛刺等制造和装备过程中。如图 7-12 所示为制造过程中的执行器快换系统,其通过更换不同功能的末端执行器,完成工件的加工制造。

图 7-11　末端执行器快换装置

图 7-12　制造过程中的执行器快换系统

国外对末端执行器快换装置的研究起步较早,如美国、瑞典、德国等在这方面的技术较为成熟,已经实现了规模化生产。其中美国的 ATI、Applied Robotics,德国的 Schunk、史陶比尔,瑞典的 RSP(Robot System Products)等,都是国外末端执行器快换装置品牌的代表。

各品牌末端执行器快换装置在工作原理上大同小异,最主要的区别在于装置的动力源。除此之外,在结构上会根据市场需求存在少许差异。相对国外而言,我国在机器人末端执行器快换装置的研究上相对较晚,且研究的领域不够广泛,尚未形成大规模产业化。

7.4　专用工具应用实例

7.4.1　喷涂机器人

喷涂工艺是指涂料通过喷枪类工具,将借助压力和离心力分散成的细小且均匀的雾滴均匀地施涂在被涂物体表面的加工方法。喷涂加工在实际生产中随处可见,例如汽车车身表面车漆的涂装。喷涂机器人将机器人技术与喷涂工艺相结合,将喷枪作为末端执行器,如图 7-13 所示。目前,在工业生产中应用的喷涂机器人,按照喷涂工艺不同可分为空气喷涂机器人、无气喷涂机

图 7-13　喷涂机器人

器人和静电喷涂机器人等。

1. 空气喷枪

空气喷涂机器人的喷枪一般由空气帽、喷嘴、涂料入口、枪体、涂料调节旋钮和空气入口等部分组成,如图7-14所示。空气喷涂的原理是将压缩空气从空气帽的中心孔喷出,在喷嘴前端形成负压区,使涂料经涂料入口从涂料嘴喷出,然后涂料与高速压缩气流相互扩散,涂料以雾化形态喷向并附着于工件表面形成涂膜。涂料调节旋钮对涂料喷出量和喷幅进行控制。

图7-14 空气喷涂机器人的喷枪结构

2. 无气喷枪

无气喷枪如图7-15所示,无气喷涂技术通常使用高压柱塞泵、隔膜泵等对涂料直接加压,高压涂料经高压软管输送至无气喷枪。由于喷嘴的特殊设计,当高压涂料从喷嘴高速喷出时,释放液压并与大气产生摩擦,产生剧烈膨胀,使涂料雾化并喷到工件表面形成涂膜。由于压缩空气不直接与涂料接触,因此高压涂料中不含空气,无气喷涂因此得名。

3. 静电喷枪

静电喷枪如图7-16所示。静电喷涂就是使雾化了的涂料微粒在直流高压电场中带上负电荷,再在静电场的作用下,定向地飞向带正电荷的被喷涂表面,形成涂膜的方法。

图7-15 无气喷枪　　　　　　　图7-16 静电喷枪

7.4.2 钻孔与切割

钻孔是指用钻头在零件上加工出所需孔径的孔。钻孔加工可由镗、铣等机床完成,也可由人工利用钻床和钻孔工具(如钻头、铰刀等)完成。切割是指利用特定的工具,利用压力或热能等将物体分割开的加工方法,常见的方法有线切割、火焰切割、激光切割等。

随着智能化生产的需求,工业机器人逐渐被用于机械加工中,能够取代人和机床完成钻孔、切割等作业任务,前提是需要给机器人配备不同的末端执行器。

机器人用于钻孔时所用的末端执行器如图7-17所示。钻孔过程中,末端执行器与零件直接接触,容易产生磨损,故所用钻孔的末端执行器需要能实时改变切削速度和进给量,以保证钻头的正常工作。

将机器人用于切割加工时,须先根据加工材料确定切割方法,然后选用合适的末端执行器。激光切割机器人可实现自主化切割(图7-18),相较于数控切割机,除了能保证切割质量外,还更为灵活,更适合柔性生产。

图7-17 钻孔机器人　　　　　图7-18 机器人激光切割

7.4.3 控制装配

工业机器人在实际生产应用中,可用来实现零部件的精准装配。这类用于装配的机器人,其末端执行器需要能对力有精确的控制。例如在装配过程中,拧紧螺钉时,需要机器人控制拧紧力,搬运工件时,需要控制握力等。

为了实现末端执行器上力的控制,工业机器人在其末端执行器上安装力传感器,实现主动柔顺控制。以机器人拧紧螺钉的场景为例(如图7-19所示),说明利用力控制进行装配的过程。在机器人拧螺钉的过程中,末端执行器上的力传感器会探测到反作用在螺钉上的力,然后将信息传送给控制系统进行算法处理并传送给机器人控制器完成机器人的运动控制。当传感器探测到的反作用力满足螺钉拧紧力要求时(即螺钉处于拧紧状态),中心计算机将传送信息给机器人控制器,此时偏移量满足机器人程序的逻辑判断,机器人不再进行该方向上的位移运动,完成螺钉的拧紧操作。

图 7-19 机器人拧螺钉

力控制装配将机器人的刚性柔顺化，应用于精密零部件的装配，提高装配效率的同时，减小了装配误差，有利于实现精准装配而不会造成零件因压迫和撞击带来的损坏。

7.4.4 柔性机械手

机械结构的工业机器人末端执行器（如机械夹具），虽然也能代替人手完成搬运、装配等工作，但是对于纸张、鸡蛋等轻巧或易碎的物体，无法做到使用恰当精准的力进行拾取或搬运。柔性机械手的研制解决了这一问题，在工作过程中可根据工件的外形和可承受力进行自我调整完成抓取。

工业机器人的柔性抓取

柔性机械手能使用适当的力和姿态抓握、夹取、捏拿的关键在于：手指的感知能力和控制技术。柔性机械手的技术尚未成熟，在工业生产中还未得到广泛使用。目前研制出来的柔性机械手可大致分为两种，一种是柔性五指机械手，另一种是软体夹持器。

1. 柔性五指机械手

柔性五指机械手（图 7-20）的外形和大小同人手相似，每根手指上有至少 3 个柔性关节且每个关节有多个自由度，能实现类似人手指的弯曲和握紧动作。其操作起来十分方便，只需要操作者带上具有位置传感器的"虚拟现实"手套，便能控制机械手做出与操作者同样的动作。

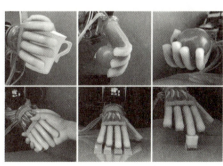

图 7-20 柔性五指机械手

2. 软体夹持器

软体夹持器（图 7-21）的手指由特殊的材料制成，具有极高的柔性，是手指可正向或反向弯曲的夹持装置。工作过程中其可实现对不同形状的物体进行抓取，手指的驱动方式多为气动。

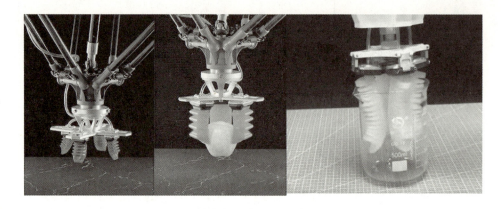

图 7-21 软体夹持器

【知识评测】

1. 选择题

（1）为了实现快速和自动更换末端执行器，末端执行器快换装置接口的连接和断开一般不会采用（　　）方式。

A. 气动控制　　　　B. 人工控制　　　　C. 电磁控制　　　　D. 液压控制

（2）机器人末端喷枪工具属于哪类末端执行器？（　　）

A. 拾取工具　　　　B. 快换装置　　　　C. 专用工具　　　　D. 非末端执行器

2. 填空题

（1）工业机器人是一种通用性强的自动化设备，_____是其实现自动化生产的执行工具。

（2）机器人末端执行器快换装置，是指作为快速连接和断开末端执行器与机器人手腕末端的_____，用于完成_____和_____执行器的任务。

3. 简答题

（1）简述永磁吸盘的工作原理及过程。

（2）举例说明什么是主动柔顺控制。

第 8 章　工业机器人的集成应用

8.1　工业机器人的典型工艺应用

8.1.1　工业机器人的码垛应用

1. 码垛应用场景

在很多产品的生产过程中,会使用码垛机器人来完成一些搬运、上下料等工作,这不仅能提高生产效率,降低成本,更能提高产品质量。目前,金属加工类、铸造类、食品饮料类、医药类、烟草类、汽车类、化工类、物流类、家电类、塑胶类等行业均能广泛应用到码垛机器人。码垛机器人用于重复性、危险性和节奏高的加工行业,不仅可以节约人力劳动成本,还能提高人工及设备安全性,为企业创造出更大的利润。

如图 8-1 所示为 ABB 4 轴码垛机器人,码垛机器人一般为 4 轴或 5 轴机器人。其安装占用的空

图 8-1　ABB 4 轴码垛机器人

间灵活且紧凑,能够在较小的占地面积内建造高效节能的货品码垛。码垛机器人一般只需要点位控制,就是说被搬运零件无严格的运动轨迹要求,只要求起始点和终点位姿准确。

2. 码垛机器人的特点

码垛机器人须配以不同抓手,即可实现在不同行业各种形状的成品进行装箱和码垛。它的特点如下。

①结构简单、零部件少,因此零部件的故障率低、性能可靠、保养维修简单、所需库存零部件少。

②占地面积小。码垛机器人只需要稳定地安装好底座,占地面积很小。这就有利于客户厂房中生产线的布置,并可留出较大的库房面积。

③适用性强。当客户产品的尺寸、体积、形状及托盘的外形尺寸发生变化时,只需要在示教器上稍做修改即可,不会影响客户的正常生产。

④能耗低。码垛机器人的功率为 5 kW 左右,远低于其他的码垛设备,大大降低了客户的生产成本。

⑤只需定位抓起点和摆放点,示教方法简单易懂。

8.1.2　工业机器人的喷涂应用

1. 喷涂应用场景

众所周知,多数涂料对人体是有害的,喷漆环境有毒且易燃易爆,因此喷漆一向被列为有害工种。据统计,现在我国从事喷漆工作的工人超过 30 万,用机器人代替人进行喷漆势在必行。如图 8-2 所示为传统的人工喷涂。喷涂机器人是指符合喷涂工艺要求,能自动喷漆或喷涂其他涂料的工业机器人。喷涂机器人一般采用液压驱动,具有动作快、防爆性好等特点,而且用机器人喷漆还具有节省漆料、提高劳动效率和产品合格率等优点,如图 8-3 所示为先进的机器人喷涂。

车身喷涂

图 8-2　人工喷涂

图 8-3　机器人喷涂

到目前为止,喷漆机器人广泛应用于汽车车体、家电产品和各种塑料制品的喷涂作业。如图 8-4 所示为 ABB IRB 5500 喷涂机器人在进行汽车外壳喷涂作业。

图 8-4　ABB IRB 5500 在喷涂中的应用

2. 喷涂机器人的分类

按照驱动方式的不同，喷涂机器人可以分为液压喷涂机器人和电动喷涂机器人。

（1）液压喷涂机器人

液压喷涂机器人的结构为六轴多关节式，工作空间大，腰回转采用液压马达驱动，手臂采用油缸驱动。手部采用柔性手腕结构，可绕臂的中心轴沿任意方向做±110°转动，而且在转动状态下可绕腕中心轴扭转420°。由于腕部不存在奇异位形，所以能喷涂形态复杂的工件并具有很高的生产率。

（2）电动喷涂机器人

由于交流伺服电机的应用和高速伺服技术的发展，在喷涂机器人中采用电机驱动已经成为可能。电动喷涂机器人的电机多采用耐压或内压防爆结构，限定在1级危险环境（在通常条件下有生成危险气体介质的可能）和2级危险环境（在异常条件下有生成危险气体介质的可能）下使用。电动喷涂机器人一般有六个轴，工作空间大，手臂质量小，结构简单，惯性小，轨迹精度高。电动喷涂机器人具有与液压喷涂机器人完全一样的控制功能，只是驱动改用交流伺服电机，维修保养十分方便。

喷涂机器人的成功应用给企业带来了非常明显的经济效益，使产品质量得到了大幅度的提高，产品合格率达到99%以上，大大提高了劳动生产率，降低了成本，提高了企业的竞争力和产品的市场占有率。

3. 喷涂机器人系统

如图8-5所示，喷涂机器人系统包括两大部分：喷涂设备和机器人设备。机器人设备包括机器人本体、控制器、示教器等；喷涂设备有供漆系统、喷枪和防爆吹扫系统。

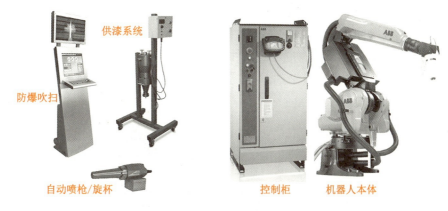

图8-5 喷涂机器人系统

如图8-6所示，当喷涂机器人采用交流或直流伺服电机驱动时，电机运转可能会产生火花，电缆线与电器接线盒的接口等处也可能会产生火花。喷涂机器人通常会在封闭的空间内喷涂工件内外表面，涂料的微粒在此空间中形成的悬浮物是易燃易爆的，如果机器人的某个部件产生火花或温度过高，就会引燃喷涂间内的易燃物质，引起大火甚至爆炸，造成不必要的人员伤亡和巨大的经济损失。所以，防爆系统的设计是电动喷涂机器人的重要组成部分，绝不可掉以轻心。

喷涂机器人的电机、电器接线盒、电缆线等都应封闭在密封的壳体内，使它们与危险的易燃气体隔离，同时配备一套空气净化系统，用供气管向这些密封的壳体内不断地运送清洁的、不可燃的、高于周围大气压的保护气体，以防止外界易燃气体的进入。机器人按此方法设计的结构称为通风式正压防爆结构。

在喷涂机器人通电前，净化系统先进入工作状态，将大量的带压空气输入机器人密封腔内，以排出原有的气体，清吹过程中，空气压力为 5 kg/cm^2，流量为 10~32 m^3/h，快速清洁操作时间为 3~5 min，将机器人腔内原有的气体全部换掉后，机器人电机及其他部件通电时就能安全工作了。

如图 8-7 所示，颗粒物达到一定直径就会在喷涂表面形成缺陷，所以要求作业空间保持无尘，同时，也要保证操作空间的无尘和正压力。

图 8-6　喷涂过程的危险示意　　　　　图 8-7　喷涂缺陷

如图 8-8 所示机器人自动喷涂线，喷涂机器人用于车体和其他部位的表面涂装。目前所有的喷涂材料都可以使用，例如溶剂型喷漆、水质喷漆或粉末材料等。在车辆制造中，一般采用多机器人并行工作，用于优化车体的吞吐量和通过率。喷涂机器人的喷枪是保证喷涂质量的关键设备。

机器人自动喷涂线内的电气设备也必须具备防爆功能。一般防爆设施采用本质安全型、隔爆型和正压型防爆结构。对于较难实现防爆结构的电气设备（如控制器和总控台）一般采用隔离结构，把其放置在危险区以外的控制室内。

图 8-8　机器人自动喷涂线

8.1.3　工业机器人的焊接应用

1. 焊接应用场景

如图 8-9 所示，焊接机器人是能将焊接工具按要求送到预定空间位置，按要求轨迹及速度移动焊接工具的工业机器人。由于灵活性需要，大多数的焊接机器人都是关节机器人，多数的焊接机器人是 6 轴的通用机器人加装焊接设备构成。

图 8-9 焊接机器人

使用机器人进行焊接作业,可以保证焊接的一致性和稳定性,克服人为因素带来的不稳定性,提高产品质量。此外工人可以远离焊接场地,减少有害烟尘、焊炬对工人的侵害,改善了劳动条件,同时也减轻了劳动强度。如图 8-10 所示,同时采用机器人工作站,多工位并行作业,可以提高生产效率,能用在空间站、水下等不适于或难以进行人工操作的地方。

图 8-10 多工位并行焊接作业

2. 焊接系统结构

如图 8-11 所示,焊接机器人一般由机器人、变位机、控制器、焊接系统(专用焊接电源、焊枪或焊钳等)、焊接传感器、中央控制计算机和相应的安全设备等组成。

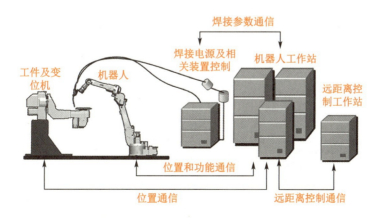

图 8-11 焊接系统

机器人是焊接系统的执行机构,精确地保证焊枪所要求的空间位置、姿态并实现其运动。由于具有六个旋转关节的关节式机器人已被证明能在机构尺寸相同的情况下获得最大的工作空间,并且能以较高的位置精度和最优的路径达到指定位置,因而这种类型的机器人在焊接领域得到广泛的应用。

如图8-12所示,变位机能将被焊接工件旋转(平移)到最佳的焊接位置。在焊接作业前和焊接过程中,变位机通过夹具来装卡和定位被焊工件,对工件的不同要求决定了变位机的负载能力及其运行方式。为了使机械手充分发挥效能,焊接机器人系统通常采用两台变位机,当其中一台进行焊接作业时,另一台则完成工件的装卸,从而提高整个系统效率。

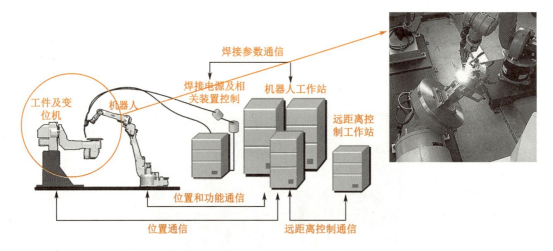

图8-12 焊接变位机的工作方式

机器人控制器是整个机器人系统的神经中枢,如图8-13所示,它由计算机硬件、软件和一些专用电路组成,其软件包括控制器系统软件、机器人专用语言、机器人运动学及动力学软件、机器人控制软件、机器人自诊断及自保护软件等。控制器负责处理焊接机器人工作过程中的全部信息和控制其全部动作。

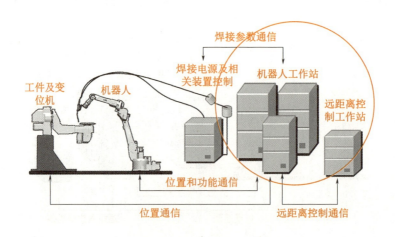

图8-13 焊接机器人控制器

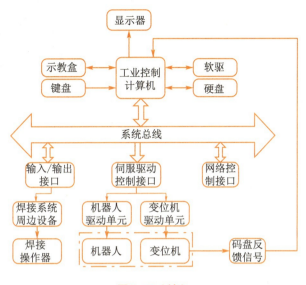

图 8-13（续）

中央控制计算机可在同一层次或不同层次的计算机间形成通信网络，同时与传感系统相配合，实现焊接路径和参数的离线编程、焊接专家系统的应用以及生产数据的管理。

如图 8-14 所示，焊接系统是焊接机器人完成作业的核心装备，由焊钳或焊枪、焊接控制器及水、电、气等辅助部分组成。其中焊接控制器根据预定的焊接监控程序完成焊接参数输入、焊接程序控制及焊接系统故障自诊断，并实现与机器人控制器的通信联系。焊接传感器实现工件坡口的定位、跟踪以及焊缝熔透信息的获取。

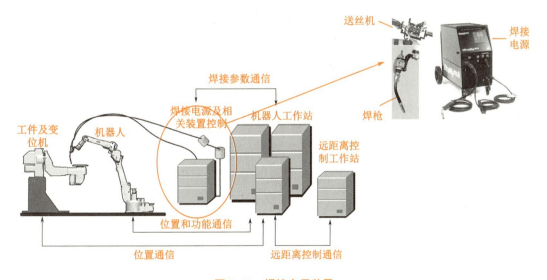

图 8-14 焊接专用装置

如图 8-15 所示，电气安全设备是焊接机器人系统安全运行的重要保障，主要包括驱动系统过热自断电保护、动作超限位自断电保护、超速自断电保护、机器人系统工作空间干涉自断电保护及人工急停等。

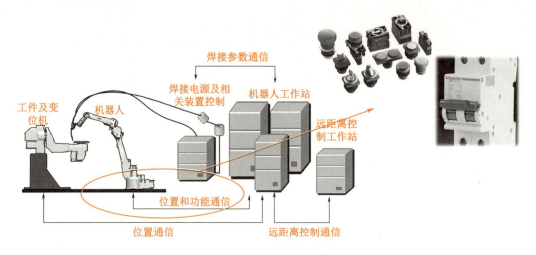

图 8-15　焊接系统的电气安全设备

3. 焊接机器人的分类

图 8-16 为某款焊接机器人系统实例，不同的焊接种类系统组成也有些不同，常用于机器人的焊接方式有点焊、弧焊和激光焊三种。

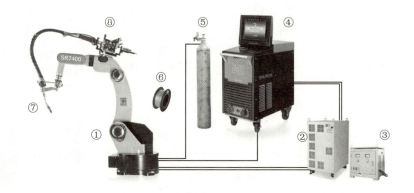

①机器人本体；②控制柜；③变压器；④焊接电源；⑤流量计；⑥焊丝盘；⑦焊枪；⑧送丝装置。

图 8-16　焊接工作站（弧焊）

（1）点焊机器人

①点焊原理

如图 8-17 所示，点焊是将焊件以一定压力压紧在两个柱状电极之间，通电加热，由于焊件接触部分电阻远高于其他部位，因此在同等电流下焊件在接触处熔化形成熔核，然后断电，焊件在持续的压力下凝固结晶，形成组织致密的焊点。

如图 8-18 所示为点焊机器人在生产线的应用场景。对点焊机器人的要求一般基于两点考虑：一是机器人运动的定位精度，二是点焊质量的控制精度。机器人运动的定位精度由机器人机械手和控制

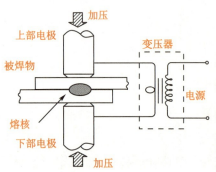

图 8-17　点焊原理

器来保证，相对来说，点焊只需要点位控制，对移动轨迹没有要求，通常对精度的要求也不是很高，因此过程比较简单。点焊质量的控制精度主要是由机器人焊接系统来保证，焊接系统主要由阻焊变压器、焊钳、点焊控制器及水、电、气路及其辅助设备等组成。

图 8-18　汽车生产线上的点焊机器人

② 焊钳

如图 8-19 所示，点焊机器人焊钳从用途上可分为 C 型和 X 型两种，通过机械接口安装在机械手末端。C 型焊钳用于点焊垂直及近于垂直倾斜位置的焊缝；X 型焊钳则主要用于点焊水平及近于水平倾斜位置的焊缝。

按驱动方式，焊钳可分为气动控制式和伺服驱动式。由于气动控制成本低、技术成熟，所以现在多使用气动焊钳。而伺服电机驱动的伺服焊钳以其良好的控制和反馈则有更大的发展空间。

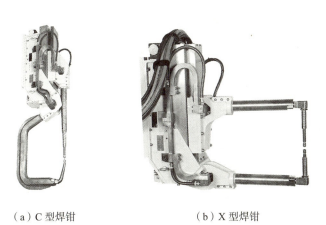

（a）C 型焊钳　　　　　　　　（b）X 型焊钳

图 8-19　点焊焊钳

根据钳体、变压器和机械手的连接关系，可将焊钳分为分离式、内藏式、一体式三种。

a. 分离式焊钳。钳体安装在机械手末端，阻焊变压器安装在机器人上方悬梁上，且可沿着机器人焊接方向运动，两者以粗电缆连接。其优点是可明显减轻手腕负荷，运动速度高，价格便宜；主要缺点是机器人工作空间以及焊接位置受到限制，电能损耗大，并使手腕承受电线引起的附加载荷。

b. 内藏式焊钳。阻焊变压器安装在机械手手臂内，显著缩短了二次电缆和变压器容量。其主要缺点是机械手的机械设计较复杂。

c. 一体式焊钳。如图 8-20 所示，钳体与阻焊变压器集成安装在机械手末端，其显著优点是节省电能（约为分离式的 1/3），并避免了分离式焊钳的其他缺点。当然，它使机械手腕部必须承受较大的载荷，会影响焊接作业的可达性。

图 8-20 一体式焊钳

机器人点焊钳与通常所采用的悬挂式点焊机（图 8-21 所示）不同之处在于：

a. 具备双行程。其中短行程为工作行程，长行程为预行程，用于安装较大焊件、休整及更换和机器人焊接时的跨越障碍。

b. 具备扩力机构。为增加焊件厚度并减轻机器人负载，有时在钳体的机械设计中采用扩力式气压-杠杆传动加压机构（用于 X 型焊钳）或串联式增压气缸（用于 C 型焊钳）。

c. 具备浮动装置。浮动式焊钳可以降低对工件定位精度的要求，有利于用户使用，同时也是防止点焊时工件产生波浪变形的重要措施。浮动机构主要有弹簧平衡系统（多用于 C 型焊钳）或气动平衡系统（多用于 X 型焊钳的浮动气缸）。

d. 新型电极驱动机构。近年来出现的电动及伺服驱动加压机构，即伺服焊钳，可实现电极加压软接触，并可进行电极压力的实时调节，可显著提高点焊质量并减少点焊喷溅，例如 MOTOMAN 点焊机器人所配置的伺服焊钳。

图 8-21 悬挂式点焊机

③点焊控制器

用于点焊机器人焊接系统中的点焊控制器是一相对独立的多功能电焊微机控制装置，主要具有以下功能。

a. 可实现点焊过程时序控制、顺序控制、预压、加压、焊接、维持、休止等。
b. 可实现焊接电流波形的调制,且其恒流控制精度在 1%~2%。
c. 可同时存储多套焊接参数。
d. 可自动进行电极磨损后的阶梯电流补偿、记录焊点数并预报电极寿命。
e. 具有故障自诊断功能。对晶闸管超温、晶闸管单管导通、变压器超温、计算机、水压、气压、电极黏结等故障进行显示并报警,直至自动停机。
f. 可实现与机器人控制器及示教盒的通信联系,提供单加压和机器人示教功能。
g. 具有断电保护功能。系统断电后,内存数据不会丢失。

④点焊机器人与控制器的结合方式

a. 中央结构型。它将点焊控制器作为一个模块安装在机器人控制器内,由主计算机统一管理并为焊接模块提供数据,焊接过程控制由焊接模块完成。这种结构的优点是机器人控制器集成度高,便于统一管理。

b. 分散结构型。点焊控制器与机器人控制器分开设置,两者采用应答式通信联系。这种结构的优点是调试灵活,焊接系统可单独使用,但集成度不如中央结构型高。

c. 群控系统。将多台点焊机器人与群控计算机相连,以便对同时通电的数台焊机进行控制,实现部分焊机的焊接电流分时交错,限制电闸瞬时负载,稳定电网电压,保证点焊质量。

为此,点焊机器人焊接系统都应增加"焊接请求"与"焊接允许"信号,并与群控计算机相连。

(2) 弧焊机器人

弧焊是工业生产中最常用的一种焊接方式,它是利用电弧放电所产生的热量熔化焊条和工件,冷却凝结在一起的过程。如图 8-22 所示为弧焊的焊缝。弧焊也有很多种类,如弧焊、脉冲 TIG 焊、MIG 焊等。

弧焊系统协同焊接

①弧焊机器人的要求

弧焊过程比点焊过程要复杂得多,焊丝端头的运动轨迹、焊枪姿态、焊接参数都要求精确控制。因此弧焊对机器人的要求很多,比如采用精度小于等于 5 mm 的路径控制;根据弧焊种类选用合适的机器人;示教记忆容量达到 5 000 点时,负载一般为 5 ~ 20 kg,有较高的速度稳定性等等。以下是弧焊对机器人的要求。

a. 弧焊作业均采用连续路径控制(CP),其定位精度应≤ ±0.5 mm;

图 8-22 弧焊的焊缝

b. 使弧焊机器人可达到的工作空间大于焊接所需的工作空间;
c. 按焊件材质、焊接电源、弧焊方法选择合适种类的机器人;
d. 正确选择周边设备,组成弧焊机器人工作站;
e. 弧焊机器人应具有防碰撞、焊枪矫正、焊缝自动跟踪、清枪剪丝等功能;
f. 机器人应具有较高的抗干扰能力和可靠性,并有较强的故障自诊断功能;
g. 弧焊机器人示教记忆容量应大于 5 000 点;

h. 弧焊机器人的抓重一般为 5~20 kg，经常选用 8 kg 左右；

i. 弧焊机器人必须具有较高的速度稳定性；

j. 弧焊机器人须具有离线编程功能。

②弧焊机器人工作站应用

弧焊机器人机械本体常用的是关节式（5~6 个自由度）机械手。目前应用的弧焊机器人适应多品种中小批量生产，配有焊缝自动跟踪（例如电弧传感器、激光视觉传感器等）和熔池形状控制系统等，可对环境的变化进行一定范围的适应性调整。

弧焊机器人的应用范围很广，除了汽车行业之外，在通用机械、金属结构、航空、航天、机车车辆及造船等行业都有应用。影响弧焊机器人发挥作用的因素如图 8-23 所示。

对于特大型工件（如机车车辆、船体、锅炉、大电机等）的焊接作业，为加大工作空间，往往将机器人悬挂起来，或安装在运载小车上使用（图 8-24）；驱动方式多采用直流或交流伺服电动机驱动，如此便可实施全方位的焊接工艺要求。

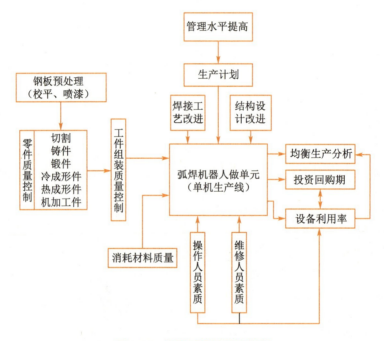

图 8-23 弧焊质量的影响因素

图 8-24 弧焊机器人工作站

（3）激光焊接机器人

如图 8-25 所示为激光焊接机器人及焊接设备，激光焊接机器人是利用激光焊自动作业的工业机器人，通过高精度工业机器人实现更加柔性的激光加工作业，其末端持握的工具是激光加工头。激光焊接机器人的应用，在显著提高焊接产品品质的同时，降低了后续工作量的时间。

①激光焊接的特点

激光焊接属于熔融焊接，以激光束为能源，冲击在焊接接头上。如图 8-26 所示，激光束可由平面光学元件（如镜面）引导，随后再以反射聚焦元件或镜片将光束投射在焊缝上。与目前传统的点焊工艺不同，激光焊接可以达到两块钢板之间的分子级结合，通俗而言就是焊接后的钢板强度相当于一整块钢板，从而将材料整体强度提升 30% 左右。

（a）激光焊机器人

（b）激光加工头

图 8-25　激光焊接机器人及激光设备

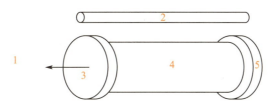

1—输出激光；2—闪光灯；3—部分反射镜面；4—红宝石介质；5—全反射镜面。

图 8-26　激光原理

激光焊接的特点是被焊接工件变形极小，几乎没有连接间隙，焊接深度/宽度比高，因此焊接质量比传统焊接质量高。由于激光焊接属于非接触式焊接，作业过程不需要加压，但须使用惰性气体以防熔池氧化。

为保证激光焊接的质量，激光焊接过程监测与质量控制是激光利用领域的重要内容，包括利用电感、电容、声波、光电等各种传感器，通过电子计算机处理，针对不同焊接对象和要求，实现诸如焊缝跟踪、缺陷检测、焊缝质量监测等过程，通过反馈控制调节焊接工艺参数，从而实现自动化激光焊接。所以说，激光焊接是一种综合技术性非常强的先进制造工艺。

②激光焊接的应用

由于激光焊接具有能量密度高、变形小、热影响区窄、焊接速度快、易实现自动控制、无后续加工等优点，近年来正成为金属材料加工与制造的重要手段，越来越广泛地应用在汽车、造船、航空航天等领域，所涉及的材料涵盖了几乎所有的金属材料。目前激光焊接发展的方向有激光填丝焊接、激光电弧复合焊接、激光钎焊等。如激光焊与MIG焊组成激光MIG复合焊，实现大熔深焊接，同时热输入量比MIG焊大为减小。

③工业机器人激光焊接系统

如图8-27所示，工业机器人激光焊接系统由以下几个部分构成：工业机器人、工作台、吸尘器、激光头、激光振荡器和冷却系统。对于激光光源而言，脉冲激光器、二极管激光器、光纤激光器和碟片激光器都可以与机器人系统相连。

图8-27 工业机器人激光焊接系统

8.1.4 工业机器人的装配应用

1. 装配应用场景

装配是产品生产的后续工序，在制造业中占有重要地位，在人力、物力、财力消耗中占有很大比例，作为一项新兴的工业技术，机器人装配应运而生。装配机器人是专门为装配而设计的工业机器人，可以完成一种产品或设备的某一特定装配任务的工业机器人属于高、精、尖的机电一体化产品，它是集光学、机械、微电子、自动控制和通信技术于一体的高科技产品，具有很高的功能和附加值。如图8-28所示，装配机器人在汽车行业中应用极其广泛。

车轮总成装配

图8-28 汽车装配生产线的工业机器人

在现代工业化生产过程中装配作业所占的比例日益增大，其作业量达到40%左右，作业成本占到产品总成本的 50%~70%，因此装配作业成了产品生产自动化的焦点。一般来说，要实现装配工作，可以用人工、专用装配机械和机器人三种方式，三者之间的优劣比较见表 8–1。如果以装配速度来比较，人工和机器人都不及专用装配机械。如果装配作业内容变得频繁，那么采用机器人要比专用装配机械经济。此外，对于大量、高速生产，采用专用装配机械最为有利；但对于大件、多品种、小批量，人又不能胜任的装配工作，则采用机器人合适。例如 30 kg 以上重物的安装，单调、重复及有污染的作业，在狭窄空间的装配等，这些需要改善工人作业条件，提高产品质量的作业，都可采用装配机器人来完成。

表 8–1 装配机器人－人工－专用装配机械的比较

分类	装配机器人	人工	专用装配设备
优点	适应变化快	适应变化快	装配速度快
缺点	速度不如专用装配设备；但比人工高很多	速度不如专用装配设备	成本高
		对工作环境要求高	无法适应变化
适用场合	适用于大件、多品种、大批量，人又不能胜任的工作	适用于小批量、装配方式灵活的工作	适用于大量、须高速生产的工作

2. 自动装配生产线的构成

自动装配作业主要是实现将一些对应的零件装配成一个部件或产品，有零件的装入、压入、铆接、嵌合、黏结、涂封、拧螺丝等，此外还有一些为装配工作服务的作业，如输送、搬运、码垛、监测、安置等。所以一个具有柔性的自动装配作业系统基本上由以下几部分构成。

（1）工件的搬运

如图 8–29 所示，工件的搬运就是机器人识别工件，将工件搬运到指定的安装位置，工件的高速分流输送等。

（2）定位系统

将零件按照装配要求装配至指定位置是装配机器人的关键步骤。定位系统顾名思义决定工件和作业工具的位置。如图 8–30 所示是一个简单的定位系统，定位装配单元中分别设计了定位装置和装配装置。定位装置由装配位置定位和装配零件位置定位两个模块组成。首先由装配位置定位模块将机器人与装配工位位置进行校准，机器人位置精准处于装配工位上方时，启动装配零件定位模块，将装配零件准确定位于装配工位上方，实现装配定位功能。

图 8-29 机器人搬运物品

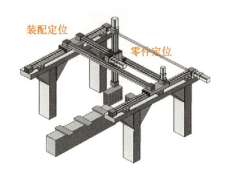
图 8-30 定位系统

（3）零件供给器

零件供给装置主要由给料器（图 8-31）和托盘（图 8-32）组成。给料器即用振动或回转机构把零件排齐，并逐个送到指定位置；大零件或者容易磕碰划伤的零件加工完毕后一般应放在称为"托盘"的容器中运输，托盘装置能按一定精度要求把零件放在指定的位置，然后再由机器人一个一个取出。

图 8-31 给料器

图 8-32 托盘

（4）零部件的装配

零部件装配是机器人装配生产的核心步骤。如图 8-33 所示为世界先进机器人公司——KUKA 机器人公司的协调装配，此处展示的是机器人将轴与轴承装配到箱体中的画面，这个过程对装配的精度要求非常高，之前都是十分熟练的工人配合高精度机械多次尝试完成。机器人在精确定位、轨迹控制、力控制方面已经达到极其优化的水平，能够全自动完成装配过程。目前机器人零部件装配向着数字化、协调装配的方向发展，通过视觉调节、力学传感、过程控制等方式使整个装配过程达到高精度、高稳定性的目标。

图 8-33 装配零部件

（5）检测和控制

检测和控制需要机器人控制系统将通过各种传感器得到的数据收集、处理、计算并反馈到机器人的调节中，因此带有传感器的装配机器人可以更好地顺应对象物进行柔软的操作。装配机器人经常使用的传感器有触觉传感器、视觉传感器、接近觉传感器、力传感器等。触觉和接近觉传感器一般固定在指端，用来补偿零件或工件的位置误差，防止碰撞等。力传感器一般装在腕部，用来检测腕部受力情况，一般在精密装配或去飞边一类需要力控制的作业中使用。

在汽车装配中，处理及定位金属薄板，安装传送发动机、车身框架等大部件对工人来说有很大的风险，需要消耗很大体力。为适应现代化生产和生活需要，使用装配机器人可以轻松自如地将发动机、后桥、油箱等大部件自动运输、装配到汽车上，极大地提高了生产效率，改善了劳动条件。实际上从最早开始，车身装配在机器人应用实例中就占据了主导地位。

如图 8-34 所示是车身装配的流程，车身装配通常采用如下步骤：金属板压出车体，进行固定、拼接、点焊以及喷涂车体，最终装配成车体（包括车门、仪表盘、挡风玻璃、电动座椅和轮胎等）。在冲压环节，金属薄板被切成了准备装入车身仪表盘的平板。在随后的步骤中，机器人将这些平板放在固定仪表盘的托盘上，供其他机器人进行焊接。在检验好后，这些焊接好的车身由传送带传送到喷涂车间。喷涂之后的车身在正确时间放在装配线上，机器人按序将底盘、发动机和驱动器、座位、门等部件一一组合装配到车身上。

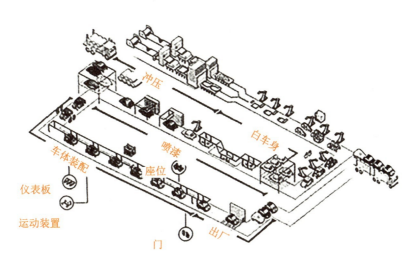

图 8-34　车身的装配流程

3. 其他类型的装配（分拣）机器人

近年来随着机器人技术的发展，有一些小型装配机器人在 3C 和食品分拣这种低负载行业进行分拣装配工作，大放光彩。小型装配机器人要有较高的位姿精度，手腕具有较大的柔性以及较高的生产节拍。如图 8-35 所示分别为 ABB IRB 360 机器人（左侧）和 ABB IRB 910SC SCARA 机器人（右侧）。

（a）ABB IRB 360 机器人

（b）ABB IRB 910SC SCARA 机器人

图 8-35　机器人在分拣装配的应用

8.2　工业机器人与智能制造

8.2.1　智能制造

1. 什么是智能制造

智能制造是一个大概念，它源于对人工智能的研究。如图 8-36 所示，一般我们认为智能是知识和智力的总和，那么知识和智力有什么区别呢，知识是智能的基础，智力是指获取和运用知识解决问题的能力。

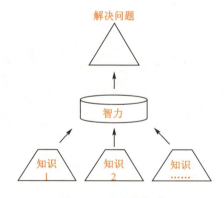

图 8-36　知识和智力

智能制造是一种由智能机器和人类专家共同组成的人机一体化智能系统，它在制造过程中能进行智能活动，诸如分析、推理、判断、构思和决策等。其通过人与智能机器的合作共事，去扩大、延伸和部分地取代人类专家在制造过程中的脑力劳动。它把制造自动化的概念更新，扩展到了柔性化、智能化和高度集成化。

接下来我们从智能制造范式、智能制造技术和智能制造系统三个方面先来了解智能制造。

（1）智能制造范式

如图 8-37 所示，智能制造包括数字化制造、数字化网络化制造、数字化网络化智能化制造三种基本范式。

第一代智能制造就是：制造+计算机，相对传统制造的变化主要是数字技术的广泛应用；

第二代智能制造就是：制造+计算机+互联网，相对变化主要是网络技术的广泛应用；

第三代智能制造也称新一代智能制造，主要包括：制造+计算机+互联网+新一代人工智能，主要突破就是新一代人工智能技术的突破和应用，使得制造系统具备学习能力，制造知识的产生、应用、传承发生根本性变革，也使得制造系统具备的"灵魂"，比如感知、分析、决策、执行等能力，尤其是应对不确定性的能力大大提升，从而取代或延伸制造环境中人的部分脑力劳动，同时，收集、存储、完善、共享、继承和发展人类专家的制造智能。

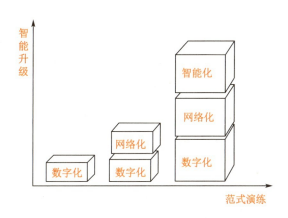

图8-37 智能制造范式

智能制造的模式和状态不是一成不变的，他是先进信息技术与先进制造技术的不断深度融合发展的产物，是随着技术的创新和发展，呈现出的整个制造系统持续迭代和不断演进的过程，因此制造的模式始终处于变动的进步之中。

（2）智能制造技术

智能制造离不开高新技术的应用，那么在智能制造中，我们都运用到哪些高新技术呢？主要包括以下几类。

①新型传感技术，诸如：高传感灵敏度、高精度、可靠性和环境适应性较强的传感技术等。

②模块化、嵌入式控制系统设计技术，诸如：不同结构的模块化硬件设计技术等；

③先进控制与优化技术，诸如：大规模、高性能、多目标的优化技术，大型复杂装备系统仿真技术等。

④系统协同技术，诸如：统一操作界面和工程工具的设计技术，以及统一事件序列和报警处理技术。

⑤故障诊断与健康维护技术，诸如：在线或远程状态监测与故障诊断，重大装备的寿命测试和剩余寿命预测技术等。

⑥高可靠、实时通信网络技术，诸如：嵌入式互联网技术，高可靠无线通信网络构

建技术、工业通信网络信息安全技术和异构通信网络间信息无缝交换技术等。

⑦功能安全技术，诸如：智能装备硬件、软件的功能安全分析、设计、验证技术及方法，建立功能安全验证的测试平台。

⑧特种工艺与精密制造技术，诸如：多维精密加工工艺，精密成型工艺，焊接、黏接、烧结等特殊连接工艺，微机电系统（MEMS）技术。

⑨识别技术，诸如：基于深度三位图像识别技术，物体缺陷识别技术等。

（3）智能制造系统

智能制造系统是一种由智能机电设备和人类专家共同组成的人机一体化系统。在实际生产活动中，智能制造系统是智能技术集成应用的环境，也是智能制造模式展现的载体。一般而言，制造系统在概念上认为是一个复杂的相互关联的子系统的整体集成。从功能角度来讲，可将智能制造系统细分为设计、计划、生产和系统活动四个子系统。

在设计子系统中，智能制造突出了产品的概念设计过程中消费需求的影响；功能设计关注了产品可制造性、可装配性和可维护性。在计划子系统中，数据库构造将从简单信息型发展到知识密集型。在排序和制造资源计划管理中，模糊推理等多类的专家系统将集成应用；智能制造的生产系统是自治或半自治系统。在监测生产过程、生产状态获取和故障诊断、检验装配中，将广泛应用智能技术；从系统活动角度，神经网络技术在系统控制中已开始应用，同时应用分布技术和多元代理技术、全能技术，并采用开放式系统结构，使系统活动并行，解决系统集成。

由此可见，智能制造系统是建立在自组织、分布自治和社会生态学机理上，通过设备柔性和计算机人工智能控制，自动地完成设计、加工、控制管理过程。

2. 智能制造的架构

如图8-38所示，智能制造贯穿于产品、生产、服务全生命周期的各个环节以及制造系统集成，智能制造目标从以下几个方面体现。

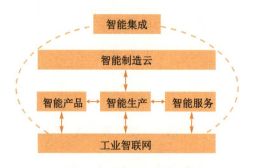

图8-38 智能制造的架构

（1）智能产品

智能产品是智能制造的主体，将数字技术和智能技术植入产品，使产品的功能极大丰富，性能发生质的变化，更适宜人的需求，从根本上提高产品市场竞争力。

（2）智能生产

智能生产是智能制造的主线，其将数字化、网络化、智能化技术应用于产品设计和制造过程，优化生产制造关键绩效指标，全面提升产品设计、制造和生产管理水平以及市场的响应速度。

（3）智能服务

智能服务是智能制造的延伸，它基于互联网、物联网、云计算、大数据、人工智能、区块链等新一代信息技术支持，不断提升服务价值和水平，实现以产品为中心的制造向以客户为中心的制造转变。

（4）智能平台

智能平台是智能制造的支撑，这主要包含了工业互联网和智能制造云。工业互联网可以通过数据全面感知、动态传输、实时分析、科学决策与智能控制，实现资源的优化配置；智能制造可以通过工业技术、知识、经验、模型等的系统集成，面向特定行业和企业提供各类具体的制造应用服务。

（5）智能集成

智能集成是智能制造的关键，集成是融合优化，包括内部纵向集成、横向集成、端到端集成以及企业制造产业链的系统集成。另外，智能制造与智能城市、智能农业、智能医疗等交融集成，最终共同形成智能生态大系统——智能社会。

3. 智能制造与传统制造的对比

智能制造和传统的制造相比，智能制造系统具有以下特征。

（1）自律能力

自律能力即搜集与理解环境信息和自身的信息，并进行分析判断和规划自身行为的能力。强有力的知识库和基于知识的模型是自律能力的基础。

（2）人机一体化

智能制造不单纯是"人工智能"系统，而是人机一体化智能系统，是一种混合智能。人机一体化一方面突出人在制造系统中的核心地位，同时在智能机器的配合下，更好地发挥出人的潜能，使人机之间表现出一种平等共事、相互"理解"、相互协作的关系，使二者在不同的层次上各显其能，相辅相成。

因此，在智能制造系统中，高素质、高智能的人将发挥更好的作用，机器智能和人的智能将真正地集成在一起，互相配合，相得益彰。

（3）虚拟现实技术

这是实现虚拟制造的支持技术，也是实现高水平人机一体化的关键技术之一。虚拟现实技术可以虚拟展示现实生活中的各种过程、物件等，因而也能拟实制造过程和未来的产品，从感官和视觉上使人获得如同真实的感受。这种人机结合的新一代智能界面，是智能制造的一个显著特征。

（4）自组织超柔性

智能制造系统中的各组成单元能够依据工作任务的需要，自行组成一种最佳结构，其柔性不仅突出在运行方式上，而且突出在结构形式上，所以称这种柔性为超柔性。

（5）学习与维护

智能制造系统能够在实践中不断地充实知识库，具有自学习功能。同时，在运行过程中自行故障诊断，并具备对故障自行排除、自行维护的能力。这种特征使智能制造系统能够自我优化并适应各种复杂的环境。

最后注意，智能制造只是提高原材料成为产品和服务的转化效率和质量，并不是为了追求智能而智能。它突出了知识在制造活动中的价值地位，而知识经济又是继工业经济后的主体经济形式,所以智能制造成为影响未来经济发展过程的制造业的重要生产模式。

8.2.2　工业机器人在智能制造中的定位

现在的大部分工业机器人都可根据示教的动作、传感器反馈的负载情况、2D及3D的视觉反馈等来编制和修正自己的动作。

目前越来越多的企业开始用工业机器人取代人,从事各种生产工作,从而使工业机器人行业迎来了一波发展的高潮。一个重要原因是不断上升的人力成本已经逐渐超过使用机器人的成本。统计显示,中国制造业的工资水平以每年10%~20%的速度增长,而机器人价格却以每年4%的速度在下降。在成本更具优势的大前提下,机器人还完全可以完成一些人类不适合或不愿意去完成的工作。例如在具有较高腐蚀性或者甲醛浓度高的工作环境下,显然机器人是比人类更适合的选择。另外生产线上简单重复、繁重的工作对于人类的生理和心理都极具挑战,而机器人既不计较工作内容,也不知疲累,拥有更高的劳动效率。在作业的精度和洁度上,机器人的工作质量也更加稳定,生产损耗也较人力少一些。另外一个主要原因是:国内工业机器人行业初具规模,较好的性价比使得除汽车、高端电子等"贵族"工业以外的普通制造业领域,也能够实现以提高产品质量、改善劳动环境、提高劳动生产率以及降低生产成本为目的的智能化生产。

工业机器人具有一定的通用性和适应性,能适应多品种,中、小批量的生产,常与数控机床结合在一起,成为柔性制造单元或柔性生产线。工业机器人在柔性生产线上的应用不仅可以提高产品的质量与产量,而且对保障人身安全、改善劳动环境、减轻劳动强度,提高劳动生产率,节约原材料消耗以及降低生产成本等方面有着十分重要的意义。机器人替代人工生产是未来制造业重要的发展趋势,是实现智能制造的基础,也是未来实现工业自动化、数字化、智能化的保障。工业机器人将会成为智能制造中智能装备的代表。工业机器人也终将成为企业创新发展的动力。

【知识评测】

1. 选择题

(1) 应用于码垛场合中的工业机器人,具备下列哪些特点?(　　)
　A. 具有4轴或5轴　　　　　　　　B. 末端工具为仿形手
　C. 运动过程中的抓取物姿态多样且灵活　D. 具有冗余自由度

(2) 下列哪种装配形式既能有较高的装配效率,也可适应大件、多品种的装配方式?(　　)
　A. 人工　　　　B. 专用装配设备　　C. 装配机器人　　D. 助力机械臂

2. 填空题

(1) 按照驱动方式来区分,喷涂机器人可以分为液压喷涂机器人和_____。

(2) 从焊接的工艺来区分,焊接机器人可以分为_____和_____。

(3) 从功能角度来讲,可将智能制造系统细分为设计、_____、生产和_____四个子系统。

3. 简答题

(1) 未来工厂的发展趋势是什么?

(2) 工业机器人焊接系统一般都包括哪些组件?

参考文献

［1］夏智武，许妍妡，迟澄.工业机器人技术基础［M］.北京：高等教育出版社，2018.

［2］S K S.机器人学导论［M］.付宜利，张松源，译.哈尔滨：哈尔滨工业大学出版社，2017.

［3］程月，李世龙，齐白羽.国产RV减速机的发展［J］.中国新技术新产品，2019（6）：51-52.

［4］龚仲华.工业机器人从入门到应用［M］.北京：机械工业出版社，2016.

［5］中国国家市场监督管理总局，中国国家标准化管理委员会.机器人与机器人装备　坐标系和运动命名原则：GB/T 16977—2019［S］.北京：中国标准出版社，2019.

［6］中华人民共和国国家质量监督检验检疫总局，中国国家标准化管理委员会.机器人与机器人装备　词汇：GB/T 12643—2013［S］.北京：中国标准出版社，2014.

［7］张东生.机械原理［M］.重庆：重庆大学出版社，2014.

［8］中华人民共和国国家质量监督检验检疫总局，中国国家标准化管理委员会.机械制图　机构运动简图用图形符号：GB/T 4460—2013［S］.北京：中国标准出版社，2014.

［9］赵卫军.机械原理［M］.西安：西安交通大学出版社，2003.

［10］孙桓，陈作模，葛文杰.机械原理［M］.北京：高等教育出版社，2006.

［11］蒋刚，龚迪琛，蔡勇，等.工业机器人［M］.西安：西安交通大学出版社，2011.

［12］董静.你应该知道的机器人发展史［J］.机器人产业，2015（1）：108-109.

［13］刘极峰，丁继斌.机器人技术基础［M］.北京：高等教育出版社，2012.

［14］孙树栋.工业机器人技术基础［M］.西安：西北工业大学出版社，2006.

［15］熊有伦.机器人技术基础［M］.武汉：华中科技大学出版社，1996.

［16］宋丽军.工业机器人在智能制造中的应用［J］.金属加工：冷加工，2014，000（012）：1.